Sonderheft 2020 · 37. Jahrgang · 20497 · € 12,95
www.fossilien-journal.de

Dänemark

Fossile Schätze zwischen Nordjütland und Limfjord

fossilien
Erdgeschichte erleben

edition Goldschneck

Impressum

Fossilien – Erdgeschichte erleben – www.fossilien-journal.de
ISSN 0175-5021, Erscheinungsweise: zweimonatlich (6 Hefte im Jahr)

Redaktionsbüro im Verlag: edition Goldschneck im Quelle & Meyer Verlag GmbH & Co,
Svenja Höchster, Industriepark 3, 56291 Wiebelsheim, Tel. 06766 / 903-249; Fax 06766 / 903-320; E-Mail: fossilien@quelle-meyer.de

Herausgeber und Redaktion (verantwortliche Redakteure):
Dr. Günter Schweigert, Staatliches Museum für Naturkunde Stuttgart, Rosenstein 1, 70191 Stuttgart. Tel 0711/8936-147,
Fax 0711/8936100, E-Mail: guenter.schweigert@smns-bw.de
Dr. Michael Maisch, Wieslesweg 7, 72461 Albstadt-Tailfingen, E-Mail: maisch@uni-tuebingen.de

Wissenschaftlicher Beirat: Dr. Matthias Geyer, Prof. Dr. Jens Lehmann, Prof. Dr. Helmut Keupp

Vertrieb und Abonnementverwaltung: Quelle & Meyer Verlag GmbH & Co, Industriepark 3, 56291 Wiebelsheim,
Tel. 0 67 66 / 903-140; Fax 0 67 66 /903-320; E-Mail: vertrieb@quelle-meyer.de

Bankverbindung: Postbank Karlsruhe, BIC: PBNKDEFF, IBAN: DE67 6601 0075 0022 4977 56

Anzeigen: E-Mail: mediaservice@jafona.de, JAFONA-Verwaltungs- und Mediaservice GmbH, Raiffeisenstraße 29, 55471 Biebern, z. Zt. gilt Anzeigenpreisliste Nr. 21/2020
Bankverbindung: Wiesbadener Volksbank, BIC: WIBADE5W, IBAN: DE16 5109 0000 0015 1779 00

Gestaltung/Satz: Bettina Lutze

Druck: Strube Druck & Medien OHG, Felsberg

Pressevertrieb: UMS, Am Waldessaum 4a, 51545 Waldbröl, Tel. 02291/912420

Bezugsbedingungen: Jahresbezugspreis € 59,90; Einzelheft € 12,95, Studenten/Schüler-Abo: € 42,95. Preise jeweils zuzügl. Porto.
Die Mindestbestelldauer des Abonnements beträgt ein Jahr und verlängert sich automatisch um ein weiteres Jahr, wenn nicht schriftlich bis spätestens zwei Monate vor Ende des Bezugszeitraums (Datum des Poststempels) gekündigt wird. Bestellungen für FOSSILIEN nehmen jede Buchhandlung und der Verlag entgegen.

Liebe Leserinnen und Leser,

Das diesjährige Sonderheft ist unserem Nachbarland Dänemark gewidmet, genauer gesagt mit einem Schwerpunkt auf dem geologisch besonders interessanten Limfjord-Gebiet und dem nördlichen Jütland. Dänemark besteht neben dem an Deutschland angrenzenden Festland aus vielen Inseln, was von der mehrfachen eiszeitlichen Überprägung und der nachfolgenden Überflutung durch die Ostsee herrührt. Gesteinsaufschlüsse finden sich in einem hügeligen Land fast ausschließlich entlang der Küste oder in Steinbrüchen oder sonstigen Abbaugruben. Diese Aufschlüsse haben es aber in sich, nicht nur in landschaftlicher Hinsicht. Nicht umsonst wurde eine ganze erdgeschichtliche Stufe nach Dänemark als „Danium" bezeichnet. An der Basis dieser Einheit befindet sich eine merkwürdig dunkle Tonschicht innerhalb heller, kreidiger Kalksteine. Diese Schicht bezeugt die weltweite Katastrophe, die zum Aussterben der Dinosaurier und vieler anderer Tiergruppen am Ende der Kreidezeit führte, ein Asteroiden-Impakt im Gebiet der heutigen mexikanischen Halbinsel Yucatán. Es ist noch gar nicht so lange her, da glaubte man, Korallenriffe gäbe es nur in tropischem Flachwasser. Heute wissen wir dank moderner Erkundungsmöglichkeiten, dass es auch im Tiefwasser Korallenriffe geben kann. Im Danium von Faxe bildet der fossilreiche Faxe-Kalk ein solches Tiefwasser-Riffgestein. Etwas jünger sind die seltsam gebänderten „Moler"-Ablagerungen, in denen feingeschichtete Diatomite oder Tonsteine mit vulkanischen Tuffiten wechsellagern. Sie zeugen von der Öffnung des Atlantiks, gaben aber lange Zeit Rätsel auf, woher das vulkanische Material dieser Tuffitlagen eigentlich stammt. In den feinschichtigen Diatomiten finden sich mitunter spektakuläre Fossilien. Die wissenschaftlich bedeutendsten darunter sind als sogenannte Danekræ gesetzlich geschützt, aber das Gros der Funde darf frei gesammelt werden. Wir zeigen deshalb hier auch nicht diese spektakulären Funde – die können Sie sich vor Ort in den im Heft genannten Museen ansehen – sondern realistische Funde, wie sie jeder von Ihnen machen kann. Speziell kreidezeitliche Seeigel sind in Dänemark gar nicht selten und haben schon zur Zeit der Kunstkammern und Kuriositätenkabinette Aufmerksamkeit erregt. Gesucht sind auch die bekannten „Lyby"-Kugeln aus dem Oligozän, die mitunter sogar vollständige Krabben enthalten können.

Die nicht minder spannende ältere Erdgeschichte Dänemarks liegt eigentlich tief im Untergrund verborgen. Dass wir aus dem Erdaltertum und anderen Zeiträumen vor der Kreidezeit dennoch etwas erfahren können, dafür sorgten die nordischen Gletscher, die den Untergrund der Ostsee und die angrenzenden Festländer abhobelten. Die genauere Herkunft der bunten Geschiebefracht aus skandinavischen Grundgebirgsgesteinen und allen möglichen Sedimentgesteinen lässt sich mit viel Wissen und Erfahrung entschlüsseln. Und Fossilienfunde in Geschieben sind prinzipiell überall dort möglich, wo sedimentäre Geschiebe vorkommen, sind also nicht vorausseh- oder gar planbar.

Die bereits mit unserem Sonderheft zur Insel Gotland betraute Autorin Andrea Rohde hat sich auch mit Dänemarks Geologie, Landschaft und den dortigen Sehenswürdigkeiten intensiv befasst und lässt Sie an ihrem reichen Erfahrungsschatz teilhaben.

Wir wünschen Ihnen viel Spaß bei der Lektüre!

Michael Maisch
(Herausgeber FOSSILIEN)

Günter Schweigert
(Herausgeber FOSSILIEN)

EDITORIAL

Inhalt

Die Autorin

Andrea Rohde, Jg. 1966, studierte Pharmazie in Kiel und arbeitet als Apothekerin. Schon in ihrer Kindheit verbrachte sie die Ferien oft an dänischen Küsten. Das besondere Interesse der Autorin gilt fossilführenden eiszeitlichen Geschieben in Norddeutschland und deren Herkunftsgebieten. Dies führte im Lauf der Jahre zu vielen Aufenthalten im schönen und fossilreichen Dänemark, aber auch Schweden, Estland und Norwegen wurden intensiv bereist. Die Verfasserin hat mehrere Sachbücher und Artikel über Fossilien und die regionale Geologie des Ostseeraums veröffentlicht, darunter auch das „Fossilien"-Sonderheft Gotland.

1. Weites Land

Abb. 1.1: Karte Dänemark.

Abb. 1.2: Karte Nordjütland mit Limfjord.

Abb. 1.3: Steilküsten auf der Limfjord-Insel Fur.

ler Buchten und Strände

Dänemark ist ein schönes Land. Es besteht aus der Halbinsel Jütland im Westen, drei kleinen Inseln im Wattenmeer der Nordsee sowie zahlreichen größeren und kleineren Inseln in der westlichen Ostsee. Die Hauptstadt Kopenhagen liegt auf Seeland, der größten dänischen Ostseeinsel.

In diesem Sonderheft geht es vor allem um das Limfjordgebiet und den Norden Jütlands (Karten Abb. 1.1 und 1.2). Es ist ein weites und zuweilen auch raues Land. Der Limfjord verbindet beide Meere und zieht sich wie ein blaues Band durch die Landschaft. Im Fjord liegen einige Inseln, darunter Mors, Fur (Abb. 1.3) und Livø.

Wegen der vielen Buchten, Gewässer und Inseln ist Dänemark ein Land der Brücken und Fähren – auch am Limfjord ist das so (Abb. 1.4). Brücken verbinden beispielsweise die recht große Insel Mors mit dem Festland oder die Regionen Thy und Thyholm mit dem mittleren Jütland. Die Brücken sind oft sehr malerisch und bieten besonders bei schönem Wetter hervorragende Fotomotive und eine schöne Aussicht. Einige der kleineren Inseln im Limfjord werden durch Fähren mit dem Festland verbunden, wobei meistens die Anzahl der täglichen Überfahrten von der Bevölkerungsdichte der Insel und der Saison abhängt. Die Insel Livø etwa, auf der nur wenige Menschen ganzjährig wohnen, wird nur im Sommerhalbjahr regelmäßig angelaufen.

Abb. 1.4: Die Brücke über den Oddesund verbindet Thyholm und Thy mit dem mittleren Jütland.

Vielen Gegenden in Nordjütland und dem Limfjordgebiet sieht man an, dass sie von den Gletschern der Eiszeit geprägt wurden. Vielerorts bestimmen die steilen Hügel der Jungmoränen das Landschaftsbild. Während die Gletscher der Weichsel-Eiszeit in Südjütland und dem angrenzenden Schleswig-Holstein nur den Ostteil bedeckten, reichte die Eisbedeckung in Nordjütland bis an die Nordsee. Die Gletscher hinterließen nach ihrem Abtauen riesige Mengen an Gesteinsschutt, den sie aus ihren Ursprungsgebieten im Norden (v.a. Norwegen, Schweden, Skagerrak, Kattegat) herantransportiert hatten, sogenannte Geschiebe (Erratika). Deshalb gibt es in Nordjütland Steilküsten mit Gletscherablagerungen nicht nur an der Ostsee, sondern auch an der Nordsee, etwa in Bovbjerg, Lodbjerg, Lønstrup oder Hirtshals. Die Geschiebe im Bereich des Limfjords und Nordjütlands liefern zahlreiche interessante fossilführende Gesteine, etwa paläozoische Gesteine aus dem Oslofjord in Norwegen, dem Kinnekulle-Gebiet in Schweden, dem Skagerrak und dem Kattegat.

Die Gletscher der Eiszeiten brachten jedoch nicht nur neues Gesteinsmaterial aus dem Norden heran, sondern sie schoben durch ihr riesiges Gewicht beim Vorwärtsgleiten auch anstehendes Gestein bzw. ältere Ablagerungen frei oder verformten früher abgelagerte Sedimente. Auf diese Weise wurden beispielsweise die malerischen Moler-Kliffs gebildet (Abb. 1.5), deren hervorragend erhaltene Fossilien

Abb. 1.5: Das Stolleklint auf d
Insel Fur. Durch die Gletsch
der Eiszeiten wurden hier Mol
Ablagerungen aufgeschup
und liegen nun fr

aus dem unteren Eozän internationale Berühmtheit erlangten. Weiterhin gibt es im Limfjordgebiet zahlreiche Aufschlüsse mit oligozänem Glimmerton, der ebenfalls besondere Fossilien geliefert hat.

Ein weiterer Faktor, der Nordjütland und das Limfjordgebiet geologisch interessant macht, ist die Salztektonik, da im Untergrund Salzablagerungen des Perms liegen. Durch aufsteigendes Salz wurden u.a. Ablagerungen der Kreidezeit und des Paläozäns an die Oberfläche gedrückt, sodass man örtlich entsprechende Aufschlüsse und Fossilien finden kann.

Der Westen Nordjütlands wird von kilometerlangen Sandstränden gesäumt, die vielen deutschen Urlaubern als Badeparadies bekannt sind. Landeinwärts erstrecken sich oft breite Dünengürtel, denn der Sand wurde (und wird) von den vorherrschenden Westwinden in Form von Flugsand fortgeblasen. Die Jammerbucht zwischen Hirtshals im Norden und dem Bulbjerg im Süden war früher als riesiger Schiffsfriedhof berüchtigt: In den heftigen Stürmen des Winterhalbjahrs verunglückten hier zahllose Schiffe. Jüngere, mehr oder weniger mit Strandhafer bewach-

Abb. 1.6: Dünen, Heide und Himmel: Weite Landschaft im Nationalpark Thy.

Abb. 1.8: Die Kirche von Trans wurde u. a. aus zugehauenen Geschiebeblöcken erbaut. Sie liegt hoch oben auf einer Steilküste mit Blick über die Nordsee.

sene Dünen befinden sich näher an der Nordsee, im Hinterland der Sandstrände liegen ältere, stärker bewachsene Dünen. Im sandigen Untergrund gedeihen Krähenbeere und Heidekraut (Abb. 1.6). Um den Sand zu befestigen und die Winderosion zu vermindern, wurden viele Dünengebiete mit Nadelwald bepflanzt. Riesige sandige Dünengebiete, Heiden und flache Seen kennzeichnen die Landschaft des Nationalparks Thy westlich von Thisted. Der äußerste Norden Jütlands wird von einem riesigen Sandhaken gebildet, auf dem das Städtchen Skagen liegt. Südlich von Skagen gibt es ein großes Wanderdünengebiet, Råbjerg Mile.

An der Nordseite des Limfjords zwischen Aggersund und Thisted finden sich auch flache Marschlande, etwa das Gebiet „Vejlerne". Sie wurden früher eingedeicht, um Acker- und Weideland zu gewinnen. Teile dieses Gebiets wurden inzwischen wiedervernässt, sodass sich hier flache Gewässer erstrecken, die über Schleusen mit dem Limfjord verbunden sind. Diese Areale sind ein Paradies für Wiesenbrüter, für Wasservögel und besonders auch für Zugvögel, die hier rasten und ihre Fettreserven für die weitere Reise auffüllen. Es wurden mehrere Beobachtungshütten für Vogelfreunde eingerichtet, von denen man das Verhalten der Tiere beobachten kann. Die flachen Gewässer um den Limfjord herum sind überhaupt ein Magnet für viele Vögel, v. a. Gänse, Enten, Watvögel, Möwen, Seeschwalben und Reiher. Sogar die Beobachtung von Seeadlern und Fischadlern ist hier möglich.

Nicht zuletzt hat der Norden Dänemarks auch kulturell viel zu bieten (Abb. 1.7 und 1.8). Neben den Straßen und in der weiten Landschaft finden sich vielerorts malerische Grabhügel u. a. aus der Bronzezeit, schöne historische Kirchen, verträumte Häfen, alte Bauernhöfe und Orte mit urigen Innenstädten. Besonders beeindruckend sind die Leuchttürme, die man etwa in Lodbjerg, Hirtshals, Hanstholm, Skagen oder auf dem Steilufer von Rubjerg bewundern kann.

Abb. 1.7: Uralte Grabhügel auf einem Feld südlich von Thisted. Aus Achtung vor den Begräbnisstätten ihrer Vorfahren machen die Bauern beim Pflügen von alters her einen Bogen um die Hügel.

Abb. 1.9: Eisschollen auf dem Limfjord. In kalten Wintern können Teile des Limfjords mit Eis bedeckt sein.

Die angenehmste Jahreszeit, das Limfjordgebiet, Nordjütland oder Dänemark allgemein zu bereisen, ist natürlich das Sommerhalbjahr. Allerdings ist dies auch die Touristensaison, und man muss sich die Strände mit vielen Bade-, Angel- und Wassersporturlaubern teilen. Im Winter kann es im Norden Dänemarks sehr ungemütlich sein, mit heftigen Stürmen, Eis und Schnee (Abb. 1.9). Trotzdem lohnt es sich, in der kalten Jahreszeit hinzufahren. Denn durch Hochwasser und Sturm wird neues Gesteinsmaterial freigelegt, und neue Funde sind möglich. Allerdings ist gerade am Meer und an Steilküsten Vorsicht geboten. Aufkommender Wind oder die Flut können den Rückweg abschneiden, und es drohen Abbrüche an den Kliffs, gerade nach längeren Regenfällen oder bei Tauwetter.

Hinweise:

Bei den Größenangaben hinsichtlich der Fossilien werden folgende Abkürzungen verwendet:

B = Breite
L = Länge
FO = Fundort

Die Gesteine und Fossilien, die in Dänemark vorkommen, sind in den meisten Fällen nicht nur dort zu finden. Durch den Gletschertransport während der Eiszeiten wurden viele Gesteine auch nach Norddeutschland verfrachtet. In diesem Heft werden, wo es sinnvoll ist, neben Fundstücken aus dem Norden Jütlands auch ergänzende Exemplare aus dem übrigen Dänemark und aus Norddeutschland gezeigt.

2. Kurze Übersicht über die Geologie Nordjütlands und des Limfjordgebietes

Unter den quartären Ablagerungen befinden sich im Norden Jütlands und im Limfjordgebiet Sedimente aus der Kreidezeit, dem Paläogen (Paläozän, Eozän und Oligozän) und dem Neogen (Miozän), siehe Abb. 2.1 und Abb. 2.2.

Die ältesten Ablagerungen in Nordjütland liegen unterhalb der Skagen-Halbinsel; sie stammen aus der Unterkreide, sind jedoch nicht an der Oberfläche aufgeschlossen. Im Norden und Nordosten Jütlands liegen Oberkreidesedimente im Untergrund. Sie bestehen im Wesentlichen aus weißen Kalkgesteinen und Flint. Teilweise wurden sie durch Salzaufstieg bis dicht unter die Oberfläche gehoben. Es gibt jedoch nur wenige natürliche Aufschlüsse. Allerdings wird die oberflächennahe Oberkreide in einigen Gruben abgebaut und ist deshalb zugänglich.

Im westlichen und mittleren Limfjordgebiet findet man oberflächennahe Vorkommen von Unterpaläozän-(Dan-)Gesteinen, die denen der Oberkreide sehr ähneln. Es handelt sich um weißen Kalk mit Flintkonkretionen. Auch die Dan-Kalke werden kommerziell genutzt. Natürliche Aufschlüsse findet man u.a. am Bulbjerg an der Nordsee, am Hafen von Hanstholm (Hafenaushub), in Kællingdal bei Hanstholm und am Odby Klint auf Thyholm. Weitere Dan-Aufschlüsse liegen auf der Halbinsel Djursland in Ostjütland (Sangstrup Klint, Karlby Klint). Sowohl von den Kreide- als auch von den Dan-Gesteinen gibt es mas-

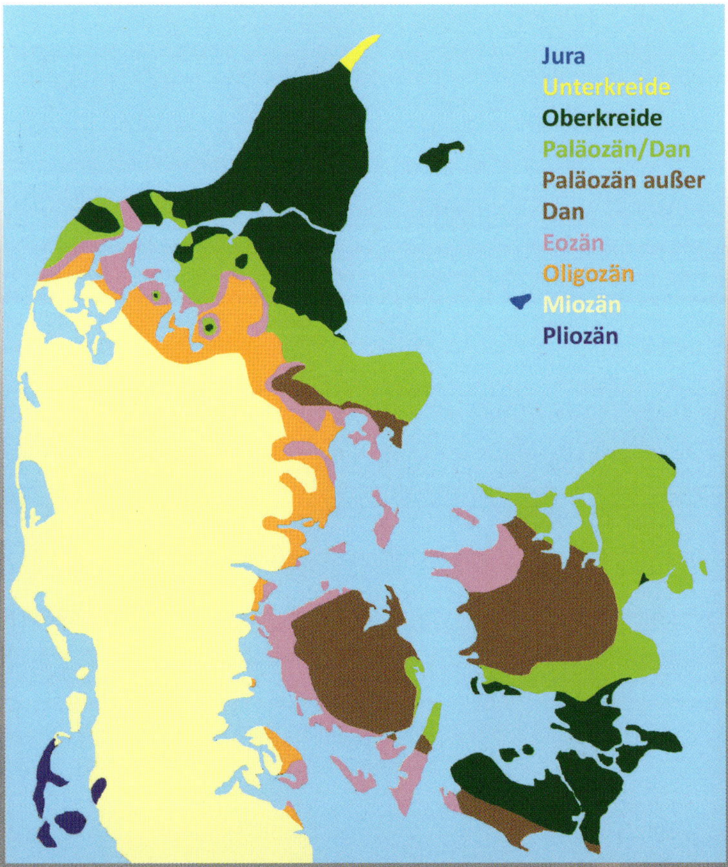

Abb. 2.1: Geologische Karte von Dänemarks Präquartär, ohne Bornholm (Abb. nach Bonde et al. 2008).

senhaft Nahgeschiebe, die von den eiszeitlichen Gletschern aus ihrem ursprünglichen Gesteinsverband gerissen wurden und die nun überall in Nordjütland zu finden sind. Auf der Limfjordinsel Fur stehen oberpaläozäne Tone an, nämlich der Holmehus-Ton und der Østerrende-Ton. Sedimente des Unteren Eozäns sind am Limfjord weit verbreitet und hervorragend zugänglich. Sie werden u.a. repräsentiert durch den Stolleklint-Ton und den Moler. Diese Gesteine wurden durch die Gletscher der Eiszeit aufgeschuppt und bilden teils hohe Steilküsten. Auf den Inseln Mors und Fur wird Moler zudem industriell abgebaut und ist in Molergruben aufgeschlossen. Auf Fur gibt es an der Nordküste außerdem Schollen mit eozänem Røsnæs-Ton. Diese überlagern den Moler. In Silstrup auf Thy hingegen liegen oberoligozäne Glimmertone auf dem Moler, hier gibt es eine Schichtlücke.

Am Limfjord finden sich zahlreiche Oberoligozän-Aufschlüsse. Diese bestehen aus dunklen, oft glimmerhaltigen Tonen und darin gebildeten kalkigen oder eisenhaltigen Konkretionen. Besondere Berühmtheit erlangten die „Lyby-Kugeln“, die man an den Stränden der Halbinsel Salling findet und die schöne Mollusken und Krabbenpanzer enthalten.

Im Untergrund v.a. des südwestlichen Limfjords befinden sich miozäne Sedimente, die v.a. aus Bohrungen bekannt sind. Miozäne Gesteine sind in Form von Geschieben im Limfjordgebiet vertreten („Skyum-Blöcke“, s. Gravesen 2018). Man findet sie am häufigsten an den Stränden zwischen Vildsund und Skyum auf Thy und auf der Insel Jegindø.

Neogen und Paläogen in Dänemark und Norddeutschland

(Angaben nach IUGS/International Chronostratigraphic Chart 1/2020. Für das Miozän sind die dänischen bzw. norddeutschen Stufen angegeben.)

System	Serie	Stufe	Beginn vor ca. … Mio. Jahren
Neogen („Jungtertiär“)	Pliozän	Oberpliozän	
		Unterpliozän	5,3
	Miozän	Syltium	
		Gramium	
		Langenfeldium	
		Reinbekium	
		Hemmoorium	
		Vierlandium	23
Paläogen („Alttertiär“)	Oligozän	Chattium	
		Rupelium	33,9
	Eozän	Priabonium	
		Bartonium	
		Lutetium	
		Ypresium	56
	Paläozän	Thanetium	
		Selandium	
		Danium	66

Abb. 2.2: Stratigrafische Tabelle für das Neogen und das Paläogen in Dänemark und Norddeutschland.

3. Eiszeiten und Warmzeiten: Quartäre Ablagerungen in Nordjütland

Während des Eiszeitalters wurde Dänemark wiederholt von einem Eisschild bedeckt. Dieser war nach wissenschaftlichen Berechnungen mehrere hundert Meter bis zu über zwei Kilometer mächtig. Das Eiszeitalter begann vor etwa 2,6 Millionen Jahren. Es endete (vorläufig?) vor etwa 12.000 bis 10.000 Jahren.

Abb. 3.2: Die Molerschichten des Limfjords wurden durch eiszeitliche Gletscher aufgeschoben und z. T. stark gefaltet, wie hier in Skarrehage auf der Insel Mors.

In Norddänemark hinterließen die Gletscher der Eiszeit riesige Massen an Gestein, das sie aus dem Norden und Osten herantransportiert hatten. Deshalb ist die Landschaft hier oft hügelig und geprägt von eiszeitlichen Ablagerungen, etwa Moränen, Osern, Schmelzwassersand- und -tonablagerungen, Steinblöcken oder Findlingen (Abb. 3.1, 3.5). Jedoch kommen auch flache Ebenen vor, die aus trockengefallenen Meeresböden aus dem Spätglazial oder der Nacheiszeit entstanden.

Das Eiszeitalter war nicht durchgängig kalt, sondern wurde durch mehrere Warmzeiten unterbrochen, in denen es zeitweise sogar wärmer war als heute (Abb. 3.6 und 3.7). Und auch die Kalt- und Warmzeiten selbst waren nicht gleichmäßig kalt oder warm, sondern von Abkühlungen und Erwärmungen kleineren Maßstabs geprägt. In Dänemark fand man bisher Ablagerungen aus vier Vereisungen. Besonders die letzten beiden, die Saale-Vereisung und in noch höherem Maß die Weichsel-Vereisung, haben die Landschaft geformt. Die Ablagerungen der älteren Vereisungen wurden durch die jüngeren Vereisungen teilweise aufgearbeitet und umgelagert.

Eine Besonderheit der Weichsel-Vereisung ist, dass die Eisbedeckung nicht so weit nach Süden reichte wie die der vorhergehenden Saale-Kaltzeit. Das Weichsel-Eis bedeckte während seiner maximalen Ausdehnung zwar den Norden Dänemarks ganz bis zu einer gedachten Linie etwa von Bovbjerg bis Viborg. Der östliche Teil Jütlands und des im Süden angrenzenden Schleswig-Holsteins war ebenfalls von der Eisbedeckung betroffen. Eisfrei blieben hingegen der Südwesten Jütlands sowie das westliche Schleswig-Holstein.

Während der Saale- und der Weichsel-Eiszeit wurde Dänemark von mehreren Eisströmen überfahren, wie man mithilfe von Untersuchungen an glazialen Ablagerungen und Leitgeschieben rekonstruieren konnte. Auch während der Kaltzeiten war das Land phasenweise eisfrei. Man muss sich das damalige Dänemark als Tundra mit arktischem Klima vorstellen, in der Mammuts und andere eiszeitliche bzw. boreale Tiere wie Wollhaarnashörner, Moschusochsen, Riesenhirsche, Rentiere und Lemminge lebten („Mammut-Steppe"). Der Untergrund taute nur im Sommer oberflächlich auf, darunter befand sich Permafrost-Boden. Die karge Vegetation bestand v.a. aus Gräsern, Flechten, Heide und Zwergsträuchern.

Im Westen des mittleren und südlichen Jütlands finden sich vielerorts Altmoränen, die aus der Saale-Eiszeit stammen. In der Saale-Eiszeit reichte die maximale Eisbedeckung viel weiter nach Westen und Süden als in der Weichsel-Vereisung. Da

Eiszeiten und Warmzeiten in Nordeuropa
Weichsel-Kaltzeit
Eem-Warmzeit
Saale-Kaltzeit
Holstein-Warmzeit
Elster-Kaltzeit
Cromer-Warmzeit
Menap-Kaltzeit
mehrere ältere Warm- und Kaltzeiten

Kaltzeiten und Warmzeiten werden auch Glaziale und Interglaziale genannt. Ein kurzzeitiger wärmerer Zeitabschnitt innerhalb von Kaltzeiten heißt Interstadial. Eine kalte Phase innerhalb von Kaltzeiten oder Warmzeiten nennt man Stadial. In den Kaltzeiten sind die Stadiale in der Regel mit Eisvorstößen verbunden, die Interstadiale mit einem partiellen Abschmelzen des Eises.

***Abb. 3.3:** Ein Kunstwerk der Natur: Durch Eisdruck bizarr verformte tonige Ablagerungen am Kliff von Lodbjerg.*

Eisströme und Ablagerungen der Saale-Eiszeit in Dänemark

Angaben zusammengestellt nach Smed (2016), Nygaard in Gravesen et al. (2017) und Houmark-Nielsen et al. in Sand-Jensen & Larsen (2006)

Die Saale-Eiszeit fand ca. 390.000 bis ca. 130.000 Jahre vor heute statt. Sie umfasste nach heutigem Wissen mindestens drei größere Eisvorstöße und zwei Interstadiale.

Zwei größere Eisvorstöße: Dabei kam es u.a. zur Ablagerung von Treldenæs-Till* mit norwegisch dominierten Geschieben, darüber Ashoved-Till mit Nordost-Geschieben aus Schweden, lokal auch aus dem Kattegat (Anholt-Schiefer, Katholm-Geschiebe, s. Abschnitt 12). Die beiden Tills wurden nach Lokalitäten in Ostjütland benannt.

Eisvorstoß aus dem Osten: Der dabei abgelagerte Lillebælt-Till hat einen hohen Gehalt an Kreidegesteinen, vermutlich aus dem Gebiet um Møn, Seeland und Rügen (in Norddeutschland auch „Kreidemoräne" genannt). In Nordjütland findet sich viel Gestein aus Mittelschweden. Nach Norden hin wurde das Eis durch frühere Sedimente abgelenkt, sodass der Eisstrom dort auch aus südöstlicher Richtung kam. Dies hatte zur Folge, dass z.B. auch südschwedische Gesteine ins Limfjordgebiet und nach Nordjütland gelangen konnten.

In Norddeutschland liegt über der „Kreidemoräne" örtlich die „Rote Moräne" (z.B. in den Harburger Bergen und in Vastorf bei Lüneburg). In dieser finden sich viele Gesteine aus Finnland, den Åland-Inseln und dem Baltikum („Baltische Geschiebe"), die auf einen Eisstrom von Osten hindeuten.

***Anmerkung:** Unter „Till" versteht man ein glaziales Sediment, das alle Korngrößen von Gesteinen umfassen kann, vom Tonpartikel bis zum Findling

Eisströme und Ablagerungen in der zweiten Hälfte der Weichsel-Eiszeit in Dänemark

Angaben zusammengestellt nach Smed (2016), Nygaard in Gravesen et al. (2017) und Schack Pedersen in Lindow & Krüger (2011)

Die Weichsel-Eiszeit begann vor etwa 115.000 Jahren und endete vor etwa 12.000 bis 11.000 Jahren. Die hier genannten Zeitangaben sind nur als ungefähre Anhaltspunkte zu verstehen. Es ist zu erwarten, dass noch weitere Sedimente gefunden und benannt werden, und dass es immer wieder Korrekturen bei der Altersbestimmung gibt. In Teilgebieten Dänemarks wurden andere bzw. weitere Moränenabsätze und Tills definiert und tragen z.T. andere Namen. Es würde an dieser Stelle zu weit führen, sie alle beschreiben zu wollen, daher ist die Darstellung auf die wichtigsten beschränkt.

Altbaltischer Eisvorstoß (dänisch „Gammelbaltisk Isfremstød"): Er begann vor etwa 55.000 Jahren. Das Eis bedeckte nur den südöstlichen Teil Dänemarks. Dabei entstand der Ristinge-Till, benannt nach dem gleichnamigen Kliff auf der Insel Langeland. Er enthält viele Gesteine von den Åland-Inseln und vom Ostseeboden und ist wegen des hohen Anteils an zerriebenen roten präkambrischen Sandsteinen rosa gefärbt.

Kleinerer Eisvorstoß aus Schweden: Er begann vor etwa 34.000 Jahren. Auf Møn wurde Klintholm-Till abgelagert, mit v.a. schwedischen Geschieben, darunter vielen paläozoischen Kalksteinen.

Eisvorstoß aus Norwegen: Dieser nahm vor etwa 28.000 Jahren seinen Anfang und bedeckte Nordjütland, Djursland, Mols und den Norden von Seeland. Es kam zur Ablagerung des dunklen Kattegat-Tills, der viele norwegische Geschiebe enthält.

Eisvorstoß aus Schweden („Nordost-Eis"): Der vermutlich größte Eisvorstoß („Hauptvorstoß") der Späteiszeit begann vor ca. 23.000 bis 20.000 Jahren und bedeckte ganz Nordjütland, den Osten Mittel- und Südjütlands sowie die Ostseeinseln. Es entstand der Midtdanske Till. Hierin befinden sich in Mittel- und Südjütland, auf Seeland oder Fünen besonders viele süd- und mittelschwedische Geschiebe. In Nordjütland aber sind vorwiegend norwegische Gesteine in den Moränen dieses Eisvorstoßes enthalten, da er dort auch aus Norwegen kam.

Jungbaltischer Eisvorstoß: Dieser Eisvorstoß kam von Osten und erfolgte in zwei Phasen: vor ca. 19.000 bis 18.000 Jahren (mit Ablagerung des Østjyske Tills) bzw. 18.000 bis 17.000 Jahren (Bælthav Till). Er bedeckte nur den äußersten Osten Mittel- und Südjütlands sowie die Ostseeinseln. Der Østjyske Till enthält je nach Ablagerungsort im Süden finnisch-baltisch geprägte, weiter nördlich auch schwedisch dominierte Geschiebe. Der Bælthav-Till enthält vorwiegend finnische und baltische Geschiebe.

Malmö-Eisvorstoß bzw. Møn-Øresund-Eisvorstoß („Öresundgletscher"): Dies war ein kleinerer Eisvorstoß vor ca. 17.000 bis 16.000 Jahren, der auf der Öresundinsel Ven und auf Seeland nachgewiesen wurde. Hierbei wurde der Malmö-Till abgelagert.

Abb. 3.4: Diese eigenartigen Strukturen im Westkliff des Insel Fur entstanden vermutlich ebenfalls durch Gletscherdruck.

Abb. 3.5: Larvikit-Findlinge an einem Strand am Limfjord. Das Eis brachte diese Großgeschiebe aus dem Oslo-Gebiet nach Dänemark.

die Moränen der Saale-Vereisung sehr alt sind, wurden sie durch Erosion teilweise abgetragen (Altmoränen). Ihre Hänge sind im Durchschnitt deutlich weniger steil als die der weichseleiszeitlichen Jungmoränen. Moränenhügel im mittleren und südlichen Jütland, die von den saaleeiszeitlichen Ablagerungen übrig geblieben sind, heißen im Dänischen auch „bakkeøer" (deutsch: „Hügelinseln"). Nach neueren Erkenntnissen könnten sie jedoch zumindest teilweise weichseleiszeitlich sein (Larsen & Raarup in

Abb. 3.6: In der Holstein-Warmzeit wurden im Limfjordgebiet u. a. dunkle Tone abgelagert (unten im Kliff) und später von jüngeren Sedimenten bedeckt.

Abb. 3.7: Typisch für den Holstein-Ton ist die kleine marine Muschel Nuculana pernula (früher: Leda pernula).

Christensen et al. 2018). Auch Aufschlüsse der vorvorletzten Kaltzeit, der Elster-Vereisung, wurden an mehreren Stellen in Norddänemark gefunden, etwa in Melbjerg, Odby und Toftum Bjerge.

Die gewaltigen Kräfte der eiszeitlichen Gletscher sind an vielen Stellen in der dänischen Landschaft zu bestaunen. Viele Tonnen schwere Findlinge wurden vom Eis im Norden und Osten mitgerissen und in Dänemark abgelagert. Das Eis schob bei seinem Vorrücken ganze Gesteinspakete hoch oder zusammen, wie etwa den Moler am Limfjord oder die Kreide auf Møn. Man erkennt u. a. Faltungen und Störungen in diesen Gesteinen (Abb. 3.2 bis 3.4).

Auf dem Höhepunkt der Weichsel-Kaltzeit lag der Meeresspiegel etwa 100 Meter niedriger als heute (Andersen/Sjørring 1997), da viel Wasser in Form von Eis gebunden war. Mit dem Abtauen des Eises gegen Ende der Eiszeit wurde folglich Wasser frei und bewirkte einen raschen Anstieg des Meeresspiegels. Nordjütland wurde zum großen Teil überflutet, lediglich einige höher gelegene Gebiete ragten als Inseln aus dem Wasser. Die vom Eisschild zuvor „eingedrückte" Erdkruste wurde entlastet, und es kam zu Landhebungen. Diese wirkten dem Meeresspiegelanstieg quasi entgegen und dauern gebietsweise bis heute an.

4.1

4. Thousand Islands oder festes Land: Spät- und postglaziale Sedimente in Nordjütland

Nordjütland ist ein ideales Gebiet, um sehr „junge" Fossilien zu finden, etwa Mollusken oder Foraminiferen aus der Eiszeit und der Nacheiszeit. Viele dieser Fossilien sind „Klimaanzeiger", da sie beispielsweise typisch für arktische Gewässer sind. Sie erlauben daher Rückschlüsse auf die Wassertemperatur.

In der Mitte der Weichsel-Kaltzeit (vor etwa 40.000 Jahren) war Norddänemark von einem Eismeer umgeben bzw. bedeckt (Älteres Yoldia-Meer). In den Kliffs von Hirtshals (Abb. 4.1) sind tonige Ablagerungen dieses Meeres aufgeschlossen (dänisch Ældre Yoldialer, = Älterer Yoldia-Ton). *Yoldia arctica* (neuer

4.2

Abb. 4.1: Kliff von Hirtshals mit eiszeitlichen Meeressedimenten, darunter dunkle graue und graublaue Tone aus der Mitte der Weichsel-Eiszeit. Sie wurden in der ausgehenden Weichsel-Eiszeit von Gletschern überfahren, deformiert und von jüngeren Moränen bedeckt. Diese wurde durch den höheren Wasserstand des Littorina-Meeres nach der Eiszeit aufgearbeitet, sodass nur die größeren Geschiebe (große Steine und Findlinge) liegenblieben. Untersuchungen an Foraminiferen weisen darauf hin, dass die Temperatur, der Salzgehalt und die Wassertiefe des älteren Yoldia-Meeres sich mehrfach veränderten. Phasenweise herrschte ein arktisches Eisrandmilieu, phasenweise war das Meer auch wärmer.

Abb. 4.2: Die Muschel Hiatella arctica (früherer Name: Saxicava arctica) ist typisch für die Meeressedimente des Weichsel-Spätglazials. Breite bis 3,8 cm, FO Kliffs zwischen Lønstrup und Rubjerg.

Abb. 4.3: An der Blånæse nördlich von Løkken findet man im Kliff mächtige Schichten mit Ablagerungen des nacheiszeitlichen Littorina-Meeres, das vor ca. 8.000 Jahren begann, Teile Nordjütlands zu überfluten. Darin befinden sich Millionen von subfossilen Muscheln und Schnecken, v. a. Herzmuscheln und Strandschnecken, sowie zahlreiche Foraminiferen.

Name: *Portlandia arctica*) ist der Name einer hocharktischen Muschel.

Im Spätglazial wurde Nordjütland vom Jüngeren Yoldia-Meer* bedeckt. Der dabei abgelagerte Jüngere Yoldia-Ton entstand im tieferen Wasser, der etwa gleichaltrige Saxicava-Sand (benannt nach einer weiteren Muschel, **Abb. 4.2**) in Küstennähe. Aufschlüsse befinden sich z. B. im Kliff von Lønstrup. Das Alter dieser Ablagerungen beträgt ca. 12.000 bis 14.000 Jahre.

Am Ende der Weichsel-Eiszeit schmolz der schwere Eispanzer, der Nordeuropa bedeckt hatte, ab. Durch die Entlastung der Erdkruste nach der Eiszeit hob sich das Land. Die Landhebung war irgendwann größer als der Meeresspiegelanstieg durch das Schmelzwasser. In der Folge waren vor ca. 11.000 bis 9.000 Jahren große Teile Dänemarks landfest. Anders als heute lagen der Limfjord und große Areale des Ostseebodens trocken, und fast alle dänischen Inseln waren mit dem Festland verbunden. Auch war es zeitweise möglich, trockenen Fußes von Dänemark oder Deutschland aus nach England zu gehen. In Dänemark wird diese Zeit „Fastlandstid" (Festlandszeit) genannt (**Abb. 4.4**).

Vor ca. 9.000 bis 8.000 Jahren erfolgte ein neuer Meeresspiegelanstieg (Littorina-Transgression) durch schmelzende Gletscher v. a. in Nordamerika. Norddänemark wurde wieder überflutet und verwandelte sich in ein Gebiet mit vielen kleinen Inseln. Der Meeresspiegelanstieg verlangsamte sich mit der Zeit, und die Landhebung (die sich übrigens noch heute fort-

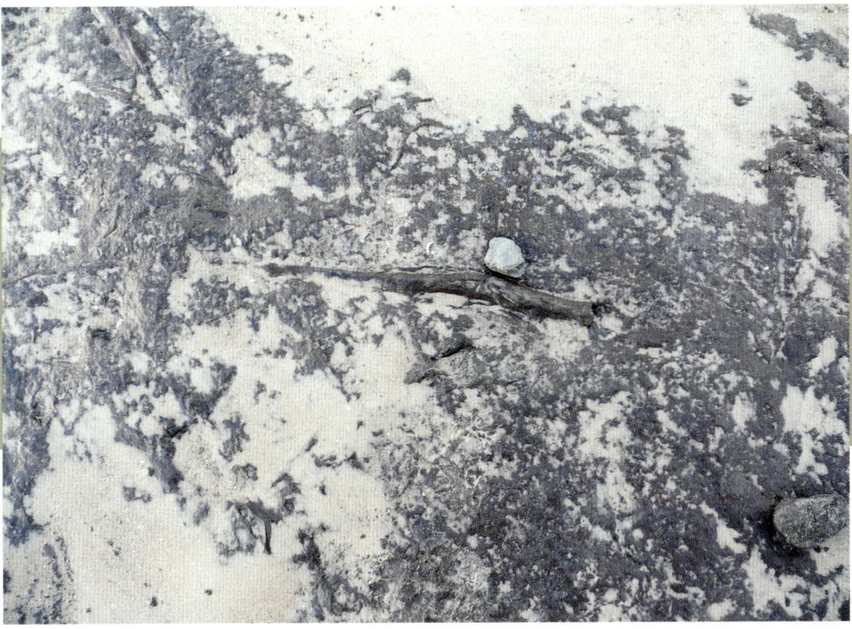

Abb. 4.4: Unterhalb der Littorina-Ablagerungen nördlich von Løkken findet man mitunter sogar die Reste von Bäumen, wie diese Wurzel. Sie entstammen der Zeit vor der Littorina-Transgression, als sich hier noch Land befand, und sind somit älter als 8.000 bis 9.000 Jahre. Foto: Dr. A. Popp.

setzt!) gewann die Oberhand. Nach und nach entstand die heutige Lage. Ablagerungen einer früheren Phase des Littorina-Meeres finden sich beispielsweise bei Løkken (Abb. 4.3).

In einigen Gebieten Nordjütlands liegen wegen der andauernden Landhebung die ehemaligen Meeresböden des Yoldia- und des Littorina-Meeres als flache Ebenen vor den eiszeitlichen Anhöhen (Abb. 4.5). Besonders im Gebiet nahe der Stadt Frederikshavn kann man sie in der Landschaft erkennen. Die Yoldia-Flächen liegen unterhalb der Moränenhügel, und die Littorina-Flächen wiederum unterhalb der Yoldia-Ebenen. Um das Jahr 0 unserer Zeitrechnung war der Limfjord durch einen breiten Sund mit der Jammerbucht verbunden. Thy war damals eine Insel. Dies änderte sich durch weitere Landhebung, aber auch durch die Bildung von Sandhaken und Nehrungen.

***Anmerkung:** Die Bezeichnung „Jüngeres Yoldia-Meer" darf nicht mit dem Yoldia-Stadium der nacheiszeitlichen Ostsee verwechselt werden, das von ca. 10.200 bis 9.300 vor heute währte. Die Muschel *Yoldia arctica* ist im Gebiet der Nordsee/Nordjütlands auch in älteren Sedimenten vorhanden.

Abb. 4.5: Im Norden der Insel Mors befindet sich heute eine flache Wiesenlandschaft auf den fossilen Meeresböden des Littorina-Meeres. Im Hintergrund sieht man die von den eiszeitlichen Gletschern aufgeschobenen Molerkliffs von Hulhøj.

5. Wie der Limfjord zu seinem Namen kam: Kreide und Dan

Von alters her ist das Limfjordgebiet bekannt für seine Kalkgesteine und den darin vorkommenden Flint. In der Steinzeit gab es auf Thy bei Hov und Bjerre sogar Gruben zur Flintgewinnung. Flint war als Werkstoff für Waffen und Schneidewerkzeuge überall heiß begehrt und wurde schon früh im gesamten Ostsee- und Nordseeraum gehandelt und getauscht. Da sich im Limfjordgebiet schon früh Menschen ansiedelten, kann man mit Glück an Stränden und auf Äckern steinzeitliche Feuersteinwerkzeuge finden (Abb. 5.1).

Der Name Limfjord ist eng mit den dortigen Ablagerungen und Gesteinen verknüpft. Das altnordische Wort „lím" bezeichnete ursprünglich eine klebrige Erdmasse, mit der man Hauswände bestrich bzw. verputzte. Es ist verwandt mit dem deutschen Wort „Lehm". Gleichzeitig bedeutet das Wort auch „Kalk". „Limsten" werden im Dänischen die danzeitlichen Bryozoenkalke genannt. Der Ort Limhamn in der südschwedischen Provinz Schonen ist und war ein wichtiger Ausfuhrhafen für den auch dort anstehenden danzeitlichen Kalkstein.

Seit dem Mittelalter wurde der kreide- und danzeitliche Kalkstein des Limfjordgebiets zur Herstellung von Mörtel genutzt. Bis zur Mitte des 20. Jahrhunderts gab es dort, wo die Kalke des Dans und der Oberkreide dicht unter der quartären Bedeckung lagen, viele kleine lokale Kalkgruben. Die meisten sind heute nicht mehr in Betrieb und deshalb zugewachsen oder zugeschüttet. Größere Gruben sind jedoch noch aktiv. Aus dem Kalk werden v. a. Zement für die Bauwirtschaft und Kalkdünger für die Landwirtschaft hergestellt.

Dan- und kreidezeitlicher Kalkstein (Abb. 5.2) und der darin entstandene Flint sind nicht nur in Steinbrüchen zu finden, sondern auch als Geschiebe oder Nahgeschiebe. Da Kreide- und Dangesteine am Limfjord oft nahe der Oberfläche anstehen, wurden sie durch die eiszeitlichen Gletscher mittransportiert.

In großen Teilen Norddeutschlands und Dänemarks liegen in der Tiefe Ablagerungen von Salz aus den Zechsteinmeeren des Perms. Im Späten Perm bedeckten seichte Meere dieses Gebiet. Im damaligen heißen Klima entstanden durch wiederholte Verdunstung mächtige Schichten u. a. aus Chloriden, Sulfaten und Karbonaten. Diese wurden in den nachfolgenden Erdzeitaltern mit jüngeren Sedimenten zugedeckt. Wo jetzt aber Schwachstellen, etwa Störungen, in den überlagernden Schichten vorhanden sind, drängt das Salz nach oben (Abb. 5.3). Die Chloride, vertreten besonders durch das Natriumchlorid (Kochsalz), sind leichter als die meisten Gesteine. Zudem ist Natriumchlorid unter hohem Druck plastisch verformbar. Es ist quasi „fließfähig". Bei seinem Aufstieg wird jüngeres Gestein mit nach oben transportiert, so auch Oberkreide- und

Abb. 5.1: Steinbeilklinge aus Flint, Strandfund vom südwestlichen Limfjord. Der Feuerstein dieses Stücks wurde nicht nur kunstvoll zugehauen, sondern anschließend auch noch poliert. Dies muss sehr mühsam gewesen sein, denn Feuerstein ist sehr hart.

Abb. 5.2: Ammonit Hoploscaphites constrictus aus der Oberkreide von Aggersund. L ca. 4 cm, Slg. Paulsen.

Dan-Schichten. Befindet sich das aufsteigende Salz noch unter der Oberfläche, handelt es sich um ein Salzkissen. Durchbricht es die Deckschichten, entsteht ein Salzdiapir.

In der Gegend von Hanstholm sind Dan-Gesteine, die durch Salztektonik emporgehoben wurden, besonders gut zu sehen. Der Ort liegt auf einer durch Salzaufstieg entstandenen Anhöhe (Abb. 5.4). Im dortigen Hafen werden ständig anstehende Dan-Kalke abgebaggert und am Strand abgekippt. In Kællingdal nordöstlich von Hanstholm findet man am Strand am Spülsaum freiliegende anstehende Dan-Gesteine (Abb. 5.6, 5.7, 5.8).

Auch im Untergrund von Mønsted südlich des Limfjords liegt ein Salzkissen, das Dan-Gesteine dicht unter die quartäre Oberfläche beförderte. Durch eine Bohrung konnte gezeigt werden, dass das Salz der permischen Ablagerungen hier in nur etwa 300 Metern Tiefe liegt. Darauf folgen ca. 100 Meter eines Gipshuts. Der Gipshut wird von etwa 100 Metern Oberkreide-Sedimenten überlagert, diese wiederum von 75 Metern Dan-Kalk und 25 Metern eozänen Schichten. In Mønsted gibt es ein altes Kalkbergwerk, dessen Stollen mit Dan-Kalk und Flintbändern man heute noch besichtigen kann.

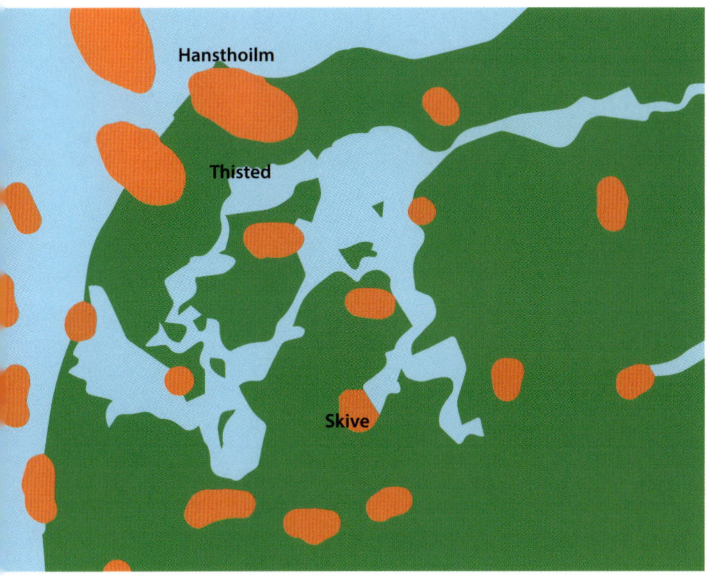

Abb. 5.3: Salzstrukturen im südwestlichen Limfjordgebiet. Stark vereinfacht, nach Christensen et al. (2018)/GEUS.

Abb. 5.4: Das Gebiet um Hanstholm liegt auf einer durch Salztektonik entstandenen Anhöhe. Man nutzte diese auch zum Bau eines Leuchtturms, der dadurch weithin sichtbar ist.

Abb. 5.5: Pro Jahr presst das im Untergrund liegende Salz das Land bei Hanstholm und Kællingdal um etwa 2,5 mm in die Höhe.

Abb. 5.6: Für den Bau dieser Mauer nahe dem Leuchtturm von Hanstholm wurden helle, harte Dan-Gesteine verwendet.

Abb. 5.7: In Kællingdal stehen auf dem Strandniveau Gesteine aus dem Mitteldan an. Man findet hier auch eigenartige, ringförmige Flintbildungen am Spülsaum.

Abb. 5.8: Blöcke von weißem, mehr oder weniger verkieseltem Dan-Kalk (Schlammkalk und Bryozoen-Kalk, überwiegend aus dem Mitteldan) liegen auf dem Strand von Kællingal östlich von Hanstholm.

6. Typisch dänisch: Dan-Gesteine und Dan-Fossilien

In Dänemark sind an einigen Stellen Aufschlüsse sichtbar, die eine wichtige Phase der Erdgeschichte dokumentieren: die Kreide-Paläogen-Grenze (früher auch als Kreide-Tertiär-Grenze bezeichnet).

Der älteste Abschnitt des Paläogens (= „älteres Tertiär") ist das Paläozän. Für das Leben auf der Erde markiert die Grenze zwischen der Kreidezeit und dem Paläogen das Ende des Mesozoikums (Erdmittelalter) und den Beginn des Känozoikums (Erdneuzeit). Allgemein bekannt ist dieser Wendepunkt der Erdgeschichte durch das Aussterben der Saurier, Ammoniten, Belemniten, bestimmter Gruppen von Muscheln (Rudisten, Inoceramen) und weiterer Organismen. Der älteste Abschnitt des Paläozäns ist das Danium (= Dan, Danien), benannt nach dem Land, in dem es mächtige und idealtypische Ablagerungen unterpaläozäner Schichten gibt: nämlich Dänemark.

Für diesen Faunenschnitt werden in der Forschung verschiedene Ursachen diskutiert. Die bekannteste ist die Hypothese, dass ein Meteorit bzw. Asteroid von 10 bis 15 Kilometern Durchmesser im Gebiet der heutigen Halbinsel Yucatán in Mexiko auf die Erde stürzte. Er hinterließ einen Krater (Chicxulub-Krater) von etwa 180 Kilometern (!) Durchmesser und ca. 10 Kilometern Tiefe. Dieser wurde in den vielen Millionen Jahren seit dem Einschlag vollständig von jüngeren Sedimenten bedeckt, konnte jedoch mit geomagnetischen und seismischen Messungen sowie durch Bohrungen nachgewiesen werden. Der Fall des Meteoriten führte zu einer globalen Katastrophe. Es kam zu zerstörerischen Druck- und Hitzewellen, die sich vermutlich mit Überschallgeschwindigkeit vorwärtsbewegten. Unvorstellbar gewaltige Tsunamis überrollten die Küsten. Durch die Wucht des Einschlags wurden riesige Mengen an Gestein aufgeschmolzen und in die Atmosphäre geschleudert. Flächenbrände führten zusätzlich zu Rußentwicklung. Dadurch wurde das Sonnenlicht abgeschirmt, die Temperaturen auf der Erde fielen drastisch. Vermutlich lag die globale Durchschnittstemperatur für mehrere Jahre unter dem Gefrierpunkt (Impakt-Winter). Die Photosynthese, Grundlage allen Lebens, war stark eingeschränkt oder unmöglich geworden. Giftige Gase wurden beim Einschlag freigesetzt, etwa Schwefeldioxid und Stickstoffoxide. In Verbindung mit Niederschlägen entstand daraus saurer Regen. Der Meeresspiegel fiel abrupt um bis zu 100 Meter (Lauridsen & Damholt in Lindow & Krüger 2011). Zwei Drittel aller Arten auf der Erde überlebten die Katastrophe nicht.

Eine andere Theorie geht von erhöhter vulkanischer Aktivität an der Kreide-Paläogen-Grenze aus. Diese wurde beispielsweise im Nordatlantik nachgewiesen, in ganz besonderem Maß jedoch in Indien (Dekkan-Trapp), wo der Vulkanismus über mehrere hunderttausend Jahre (!) andauerte. Überbleibsel dieses gewaltigen Vulkanismus sind Flutbasalte, die heute noch auf einer Fläche von ca. 500.000 Quadratkilometern aufgefunden werden können. Die Basaltlagen erreichen eine Mächtigkeit von 2.000 Metern.

Die enorme vulkanische Aktivität in Indien in der ausgehenden Kreidezeit gehört zu den größten der Erdgeschichte. Viel vulkanisches Auswurfsmaterial in der Atmosphäre bewirkte ebenfalls eine drastische Klimaveränderung und eine Reduktion der Photosynthese. Zudem wurden vermutlich riesige Mengen an Kohlendioxid und Schwefeldioxid freigesetzt, die mit Wasser zu Säuren reagtieren. Es resultierten saurer Regen und ein pH-Abfall in den Meeren, wodurch viele Lebewesen geschädigt wurden.

Einige Wissenschaftler fanden Hinweise, dass am Ende der Kreidezeit bestimmte Organismengruppen wie die Ammoniten schon durch andere Faktoren ihre Blütezeit hinter sich hatten („Degenerierung", evtl. auch Schädigung durch ungünstige Umwelteinflüsse) oder aber eine zu starke Anpassung an bestimmte Lebensbedingungen aufwiesen (etwa die heteromorphen Ammoniten). Die oben genannten Naturkatastrophen wären dann nur der letzte „Sargnagel" für diese Lebewesen gewesen.

Für ein multifaktorielles Geschehen sprechen kreidezeitliche Fossilien, die im *Cerithium*-Kalk des Untersten Paläozäns am Stevns Klint gefunden wurden. Dort sollen bestimmte Ammonitenarten, die bisher als exklusiv mesozoisch angesehen wurden, noch ca. 200.000 Jahre über die Kreidezeit hinaus überlebt haben (Machalski & Heinberg 2005). Ähnliche Beobachtungen an „überlebenden" Ammoniten und Belemniten wurden auch in den Niederlanden und Belgien gemacht (Jagt et al. 2003). Inwieweit es sich nur um umgelagerte Fossilien handelt, ist umstritten. Auch stellt sich die Frage, warum diese Organismen die einschneidenden Umweltkatastrophen der Kreide-Paläogen-Grenze überstanden, um dann in der stabileren Umwelt des frühen Dans auszusterben.

Einer der besten Orte, die Kreide-Paläogen-Grenze zu studieren, ist Stevns Klint auf der dänischen Insel Seeland (Sjælland) (Abb. 6.1 und 6.2). Seit 2014 ist dieses Kliff daher Weltnaturerbe der UNESCO. Über hellen Kreidegesteinen findet sich eine dünne dunkle Schicht aus Tonen, in der man viele Fischreste fand, etwa Hai- und Knochenfischzähne, außerdem Wirbel und Hautzähne von Haien. Dieser sogenannte Fischton ist besonders reich an dem seltenen Element Iridium sowie an anderen Platinmetallen. Diese sind auf der Erde sehr selten, kommen jedoch in bestimmten

Abb. 6.1: Stevns Klint unterhalb der Kirche von Højerup. Unten im Kliff befindet sich weiße Schreibkreide aus der Oberen Kreidezeit (Maastrichtium). Darüber, leicht grau, liegt die Graue Kreide (dänisch „Gråkridt") des Obersten Maastrichtiums. Etwas unterhalb der Grauen Kreide, noch in der weißen Kreide befindlich, erkennt man einen Flinthorizont mit Thalassinoides-Bauen (s. auch Abb. 6.3). Die Graue Kreide wird vom danzeitlichen Fischton überlagert, der hier nur als ein dünnes dunkles Band sichtbar ist. Darüber liegt der Cerithium-Kalk (ebenfalls mit flintgefüllten Thalassinoides-Bauen). Im oberen Teil der Steilküste befinden sich die Bryozoen-Bänke des danzeitlichen Bryozoenkalks. Dieser ist härter als die weicheren Gesteine der Oberkreide, der Fischton und der (untere) Cerithium-Kalk, weshalb er weniger stark erodiert und nach vorn übersteht.

Abb. 6.2: Profil der Steilküste von Stevns Klint nahe Rødvig. An der Basis befinden sich Oberkreide-Kalke (mit Bryozoen-Mounds) und ein Flinthorizont, in der Mitte ein schmales dunkles Band aus Fischton. Dieser wurde in flachen Mulden auf und zwischen den Bryozoen-Mounds der jüngsten kreidezeitlichen Sedimente abgelagert; seine Mächtigkeit variiert daher am Stevns Klint zwischen einem und 30 Zentimetern. Darüber liegt der Cerithium-Kalk. Wie der Fischton sedimentierte er in Mulden, sodass man ihn als mehr oder weniger isolierte „Linsen" unterschiedlicher Dicke im Kliff antrifft. Sein älterer Teil ist weiß und kreideartig. Der jüngere Cerithium-Kalk ist gelblich und härter; man sieht in diesem Bereich mit Flint ausgefüllte Thalassinoides-Gänge. Die Gänge wurden vermutlich von Krebstieren im ursprünglich weichen Kalksediment angelegt. Die in und um die Gänge herum entstandenen Feuersteinknollen sind oft hohl. Es ist übrigens verboten, den Fischton aus dem Kliff zu kratzen oder das Kliff anderweitig zu beschädigen!!!

Typen von Meteoriten häufiger vor. Die Iridium-Konzentration im Fischton wird von den meisten Wissenschaftlern als Beweis für den oben erwähnten Meteoriteneinschlag interpretiert. Iridium kann zwar auch in vulkanischem Auswurfsmaterial enthalten sein, jedoch spricht das ungewöhnliche Isotopenverhältnis des Iridiums im Fischton für eine extraterrestrische Herkunft. Dem Fischton entsprechende Schichten wurden nicht nur in Dänemark gefunden, sondern auch an vielen anderen Stellen weltweit.

Der Fischton (**Abb. 6.2**) besteht eigentlich aus drei Sedimenten: einer rötlichen unteren Tonschicht, einer schwarzen mittleren Tonschicht und einer oberen helleren Mergelschicht (Mergel = kalkhaltiger Ton). Die untere rötliche Schicht enthält zahlreiche Dinoflagellatenzysten. Sie markiert den Beginn der Umweltkatastrophe, bei der die marine Karbonatproduktion abrupt zum Erliegen kam. Daher wurden statt Kalk nur geringe Mengen an Ton abgelagert, der von den umliegenden Landarealen ins Meer gespült wurde. Der plötzliche Stopp der Ablagerung von Karbonaten ist ein starkes Indiz für eine akute globale Naturkatastrophe. In der rötlichen unteren Tonschicht findet sich auch die Iridium-Anreicherung. Beides stützt die Impakthypothese.

Interessanterweise liegt unter dem Fischton am Stevns Klint die Graue Kreide (dänisch: „Gråkridt") des Obersten Maastrichtiums. Diese Kreide ist leicht grau getönt und unterscheidet sich damit von der älteren und helleren Kreide darunter. Die graue Farbe wird durch Anteile von Vulkanasche in diesem Sediment hervorgerufen. Sie stammt vermutlich von vulkanischer Aktivität im Nordatlantik (Nordatlantische Vulkanprovinz), die mit der „Öffnung des Atlantiks" im Zusammenhang stand und die sich im Paläogen fortsetzte (Gravesen et al. 2017).

Auch im Limfjordgebiet gab es in der Vergangenheit einige Orte, an denen die Kreide-Paläogen-Grenze gut aufgeschlossen war, etwa Erslev auf Mors sowie Nye Kløv, Kjølbygaard und Bjerre auf Thy. Sie sind jedoch heute nicht mehr oder nur unter Schwierigkeiten zugänglich (Gravesen 2018). Bei Vokslev in Himmerland findet sich ein Erosionshang, an dem die Kreide-Paläogen-Grenze sichtbar ist. Ähnlich wie am Stevns Klint liegt auch in Jütland zwischen Kreide und Dan eine dünne Lage aus dunklem Ton oder Mergel, die dem Fischton entspricht und das früheste Paläozän repräsentiert. Über dem Fischton findet man in Vokslev „det Døde Lag" (= „die Tote Schicht"). Diese Kalklage ist weniger weiß und deutlich fossilärmer als die Maastrichtium-zeitliche Schreibkreide. Erst in den darüber liegenden Bryozoenkalken nimmt die Zahl der fossil erhaltenen Arten wieder zu.

Gesteine des Unteren Paläozäns bzw. Dans findet man in Dänemark unter der quartären Bedeckung in einem breiten Streifen vom Limfjordgebiet und Djursland in Jütland über den Nordteil der Insel Fünen bis zur Insel Seeland. Auf Seeland liegt die riesige Kalkgrube von Faxe, wo Dan-Kalk abgebaut wird und wo fantastische Fossilien geborgen werden können, darunter Korallen, Krabben und Nautiliden. Auch im Süden Schwedens, in Schonen, befinden sich Dan-Gesteine im Untergrund, aufgeschlossen beispielsweise in den Gruben von Limhamn bei Malmö.

Früher wurden die hellen Kalksteine des Dans noch zur Kreidezeit gerechnet. Die meist weißen Dan-Gesteine ähneln sehr den weichen Kalken der Oberkreide, wie sie auf der dänischen Insel Møn, auf Rügen in Mecklenburg-Vorpommern oder in den Gruben von Lägerdorf in Holstein anstehen. Auch die Dan-Fauna zeigt noch viele Parallelen zu dem älteren Gestein. Sowohl in den eigentlichen Gesteinen der Oberkreide als auch in Dan-Gesteinen finden sich viele fossile Seeigel, Seelilienreste, Seesternplatten, Muscheln, Brachiopoden und Schwämme, allerdings meist unterschiedliche Arten bzw. Gattungen. In Oberkreide- und auch in Dan-Schichten kam es gleichermaßen zur Bildung von Flintkonkretionen, sodass es sowohl kreidezeitliche als auch danzeitliche Feuersteine gibt.

Die verschiedenen Kalksteinarten des Dans von Dänemark umfassen nach Gravesen (2018) *Cerithium*-Kalk, Bryozoenkalk, Faxe-Kalk, Schlammkalk und Kalksand-Kalk (s. Übersicht, **Abb. 6.38**). Der *Cerithium*-Kalk entstand im Unteren Danium und wurde nach einer Schnecke benannt. Er liegt am Stevns Klint direkt über dem Fischton. Der untere *Cerithium*-Kalk ist kreideähnlich, ein weißes Gestein mit grauen Mergelschlieren; der obere Teil dieses Kalks ist gelblich, hart und weist teilweise mit Flint ausgefüllte *Thalassinoides*-Gänge auf (ehemalige Wohnbaue von Krebstieren, **Abb. 6.3**). Die Fauna des *Cerithium*-Kalks besteht u.a. aus kleinen Schnecken, Muscheln und Skaphopoden und bis zu handgroßen Meerasseln. Brachiopoden und Bryozoen sind selten bis nicht vorhanden.

In Nordjütland gibt es über dem Fischton eine dem *Cerithium*-Kalk entsprechende Schicht, den „Toten Kalk“ oder die „Tote Schicht“. Diese ist meist fossilarm, kann aber lokal Austern, Seeigel, Korallen oder v.a. irreguläre Seeigel enthalten.

Der Bryozoenkalk ist sowohl im Bereich des Limfjords und nördlich des Limfjords (Bulbjerg, Klim Bjerg) als auch in Djursland (Karlby Klint, Sangstrup Klint), auf Fünen und auf Seeland (z.B. Stevns Klint und im Untergrund von Kopenhagen) verbreitet (**Abb. 6.4** bis **6.7**). Er ist dadurch gekennzeichnet, dass er massenhaft Bryozoen (Moostierchen) und deren Bruchstücke enthält, häufig auch Flintkonkretionen (**Abb. 6.6** bis **6.8**, **6.22** (Bryozoen-Flint), **6.32**/**6.33** (Flintgeschiebe aus Norddeutschland). In den betreffenden Aufschlüssen sieht man viele Bryozoen-Mounds bzw. Bryozoen-Bioherme (hügel- oder riffartige Bildun-

Kann man Feuerstein aus Dan und Kreidezeit unterscheiden?

Flint oder Feuerstein entsteht als Konkretion in Kalksteinschichten. Wie und wann der Prozess der Flintentstehung genau abläuft, ist in der Wissenschaft seit vielen Jahren umstritten. Fest steht, dass sich Silikate oder Skelettopal im alkalischen Porenwasser des Kalkgesteins lösen, möglicherweise als Salze der Kieselsäure. Die Quelle der Silikate können Gehäuse von abgestorbenen Meeresorganismen sein (etwa von Radiolarien, Kieselschwämmen u.a.), aber vielleicht auch feinverteilte Sedimente wie Ton oder Vulkanaschen. An bestimmten Stellen im kalkigen Sediment kommt es zur Ausfällung der Kieselsäureverbindungen, und Flintknollen entstehen (**Abb. F1** bis **F7**). Als Ursache dieser Ausfällung kommen beispielsweise pH-Änderungen, Temperaturänderung oder abnehmende Wassersättigung im Sediment in Frage.

Häufig geschieht Feuersteinbildung in der Umgebung oder sogar in der Schale eines im Sediment befindlichen abgestorbenen Tieres. Möglicherweise bilden die chemischen Substanzen, deren Reste bei der Einbettung des Tieres aus seinen Weichteilen freigesetzt wurden, eine Ursache für die Flintbildung. Dies gilt besonders dann, wenn sie den pH-Wert sen-

Abb. F1: Feuersteinstrand, Møn. Der Flint aus der anstehenden Maastricht-Kreide ist überwiegend (aber nicht immer!) dunkelgrau bis schwarz.

Abb. F2: Feuersteinstrand, überwiegend mit hellem Dan-Flint, Karlby Klint, Djursland/Ostjütland. Helle Feuersteine stammen meistens (aber nicht immer!) aus dem Danium.

Abb. F3: Typischer Flint aus dem Limfjord- und Hanstholmgebiet. Diesen Flint gibt es vermutlich nur im Dan. Der ursprüngliche, helle Kalk ist verkieselt und weist Zonen dichteren, dunkleren Feuersteins auf, umhüllt von einer weißen Kruste aus verkieseltem Kalk oder porösem Flint. Die Farbe des Dan-Flints in Nordjütland reicht von weiß über alle möglichen Grautöne bis schwarz. B ca. 22 cm, FO Vildsund.

Abb. F4: Grauer Flint mit weißer Kruste und Seeigelrest. Das Fundstück ist typisch für das Gebiet um Hanstholm/Kællingdal. B ca. 15 cm.

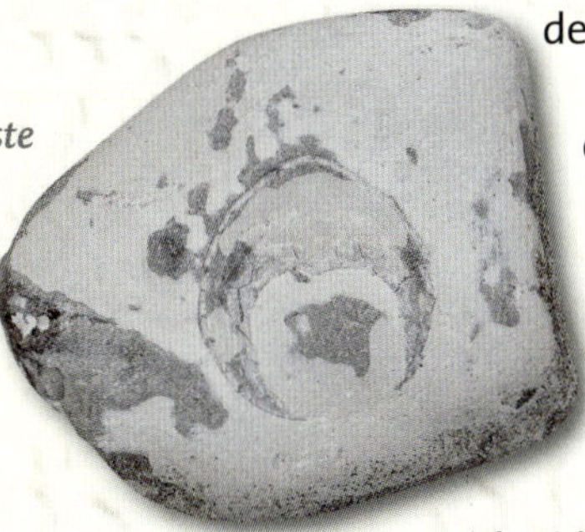

Abb. F5: Wenn ein Flint massenhaft Bryozoen enthält, stammt er mit hoher Wahrscheinlichkeit aus den Bryozoenkalken des Dans. Jedoch finden sich auch in der Grauen Kreide (dänisch: „Gråkridt") des Obersten Maastrichtiums vom Stevns Klint Bryozoenbänke und bryozoenreiche Flintbildungen. Handtellergroßes Geschiebe, FO Lodbjerg.

Abb. F6: Feuersteinoberfläche mit Abformung des Spurenfossils Taenidium. Diese Spur ist annähernd zylindrisch, unverzweigt, gerade oder gebogen und weist im Längsschnitt zahlreiche leicht asymmetrische, parabelartige Bögen auf. Ihr Erzeuger fraß möglicherweise Sediment, verwertete das organische Material darin und schied es portionsweise wieder aus. Breite der Spur ca. 1,2 bis 1,3 cm, FO Lemvig.

ken, also leicht sauer reagieren. Ein typisches Beispiel sind die vielen tausend und abertausend fossilen Seeigel, die an dänischen Stränden und in Kiesgruben gefunden wurden. Das Gehäuse dieser Fossilien ist oft mit Flint ausgefüllt. Ähnliches kann man auch an Schwämmen, Austern und Brachiopoden beobachten.

Oft wurden kalkige Strukturen der Fossilien auch im Sinne einer Metasomatose durch Flint ersetzt. Bei diesem Vorgang wird Kalk in SiO_2 ausgetauscht. Dabei kann die Metasomatose oberflächlich stattfinden, sodass beispielsweise nur die Kalkschale eines Fossils auf der Außenseite verkieselt oder sich auf ihr Buch'sche Ringe bilden. Je nach der vorhandenen Menge in Lösung befindlicher Kieselsäure/Silikate können aber auch Gehäuse mit Flint ausgefüllt werden. Nicht selten wachsen die Flintknollen über den Organismus hinaus und betten ihn ein.

Als Faustregel gilt unter vielen Sammlern, dass die Feuersteine der Oberkreide im Ostseegebiet und in Dänemark eher dunkel (anthrazitfarben bis fast schwarz, **Abb. F1**) sind, die des Dans eher grau, hellgrau oder weiß (**Abb. F2** bis **F5**). Das trifft in vielen Fällen zu. Aber leider nicht immer (**Abb. F6**, **F7**). Auch Dan-Flint kann schwarz sein. Und einige kreidezeitliche Feuersteine sind hellgrau. Man kann das Alter von Feuerstein meistens nur sicher bestimmen, wenn ein typisches Fossil enthalten ist, das nur in der Kreidezeit bzw. nur im Dan vorkommt. Eine Ausnahme ist wohl ein spezieller Feuersteintyp aus dem Limfjordgebiet und von Hanstholm (**Abb. F3**). Er besteht aus weißem, stark verkieseltem Kalk mit eigenartigen dichteren, grauen bis fast schwarzen Zonen reinen Flints. Eine weitere Ausnahme bildet Feuerstein, der massenhaft fossile Bryozoen enthält. Dieser entstand ganz überwiegend im danzeitlichen Bryozoenkalk. Allerdings findet man in der Steilküste von Stevns Klint auch in der Obersten Kreide bryozoenreichen Kalkstein und den entsprechenden Flint.

Abb. F7 Oberkreide oder Dan – das ist hier die Frage. Abdruck eines kleinen Brachiopoden (Terebratulina sp.) in grauem, bryozoenhaltigem Flint. Der Bryozoenreichtum spricht für ein danzeitliches Alter, aber diesen Brachiopodentyp gab es sowohl in der Kreide als auch im Dan, sodass eine Einordnung des Flints nicht sicher erfolgen kann. B ca. 1 cm, FO südwestlicher Limfjord.

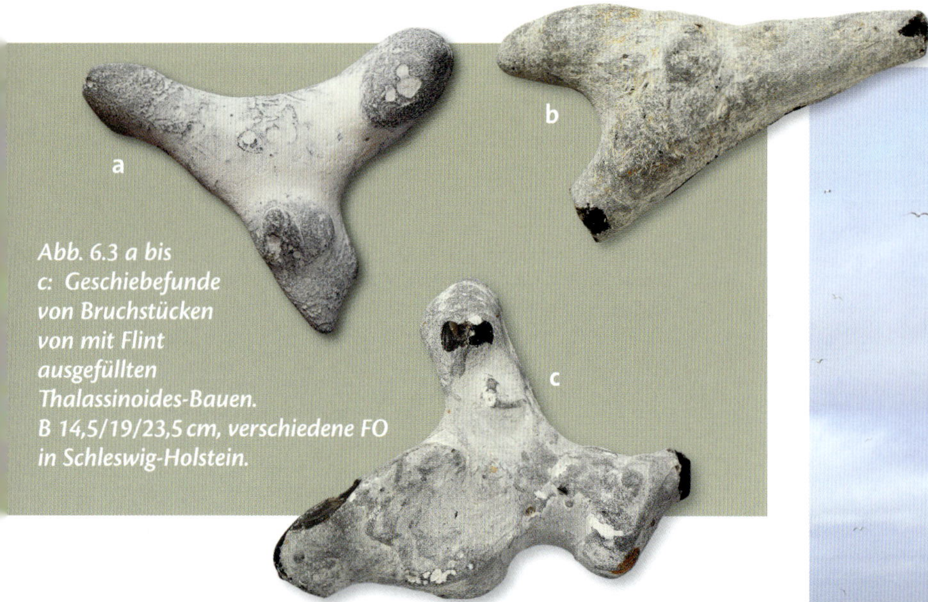

Abb. 6.3 a bis c: Geschiebefunde von Bruchstücken von mit Flint ausgefüllten Thalassinoides-Bauen. B 14,5/19/23,5 cm, verschiedene FO in Schleswig-Holstein.

gen durch Moostierchen). Auch Brachiopoden sind wieder stärker vertreten (Abb. 6.8). Bryozoenkalk ist sowohl aus dem Unterdan als auch aus dem Mittel- und Oberdan bekannt. In Nordwestjütland (Limfjord, Hanstholm-Gebiet) unterscheidet man einen unteren und oberen Bryozoenkalk. Zwischen diesen liegt mikritischer Schlammkalk (s. u.).

Der danzeitliche Schlammkalk ist mikritisch („feinkörnig"), oft durch Diagenese sehr hart oder auch teilweise verkieselt. Besonders harte Schlammkalk-Blöcke klingen flintähnlich, wenn man sie mit dem Hammer anschlägt (Abb. 6.19). Unter den Kalkgrubenarbeitern in Nordjütland wurden diese Blöcke früher „bleger" genannt, das Sediment entsprechend „blegekridt". „Bleger" lieferten nach dem Brennen besonders guten Mörtel und wurden deshalb bevorzugt für dessen Herstellung verwendet, während die weicheren Partien des Dan-Kalks eher der Produktion von Kalkdünger dienten.

Schlammkalk bildete sich aus einem feinen Kalkschlamm, der aus den sedimentierten Schalenresten abgestorbener Meeresorganismen bestand. Wie schon in der Oberkreide waren dies auch im Danium hauptsächlich Coccolithen, d. h. Gehäuseteile von Coccolithophoriden. Diese winzigen Einzeller sind mit einer Hülle aus Celluloseschuppen umgeben, auf die Kalk aufgelagert ist. Viele Coccolithophoridenarten betreiben Photosynthese, leben planktonisch in den oberen Wasserschichten und sind Hochseeorganismen. Der Schlammkalk wurde mit hoher Wahrscheinlichkeit in einiger Entfernung vom Land in tieferem Wasser abgelagert. Schlammkalk entstand im Unter-, Mittel- und Oberdan. Auch in diesem Kalktyp bildete sich örtlich Flint. Ein großer Teil der Dan-Gesteine bzw. -geschiebe im Limfjordgebiet (und auch in Norddeutschland) zählt zum Schlammkalk und dem darin entstandenen Feuerstein.

Abb. 6.4: Der Bulbjerg in Nordwestjütland liegt direkt an der Nordsee. Er besteht aus Bryozoenkalk des Unterdans und Flintbildungen. Auf den Kalksteinsimsen nisten Dreizehenmöwen.

Der Faxe-Kalk (auch Faxe-Korallenkalk genannt) ist in großen Gruben in Faxe auf Seeland und in Limhamn bei Malmö in Schonen aufgeschlossen und für Fossiliensammler besonders interessant (Abb. 6.10 bis 6.18). In mehr als 100 Metern Wassertiefe, also unterhalb der photischen Zone, wuchsen im Mitteldan vor etwa 63 Millionen Jahren an bestimmten, ökologisch günstigen Stellen Korallen auf dem Meeresgrund. Die zarten, verzweigten Korallen *Dendrophyllia candelabrum* und *Faksephyllia faxoensis* gehören zu den Steinkorallen (Scleractinia). Sie waren keine eigentlichen Riffbildner (ahermatypisch). Jedoch boten die untermeerischen Korallenwälder einen idealen Lebensraum für zahlreiche Tiere. Zu diesen zählten weitere Scleractinia, Oktokorallen, Schwämme, Schnecken, Muscheln, Bryozoen, Brachiopoden, Crinoiden, Seeigel und Krebse. Zwischen und über den Korallen schwebten Nautiliden, und Haie und andere Fische zogen ihre Bahnen. Es wurden sogar Zähne von Meereskrokodilen in Faxe gefunden. Ähnliche „Korallengärten“ in lichtloser Tiefe gibt es heute in den Gewässern um Norwegen, Irland und Schottland, wo sich *Lophelia*-Korallen angesiedelt haben. Die Entstehung der Korallen-Biotope steht in engem Zusammenhang mit nährstoffreichen Wasserströmungen. In Faxe wechseln sich Bänke mit Korallenkalk mit solchen aus Bryozoenkalk ab. Auch in Faxe gibt es Flintbildungen.

Im Gebiet um Kopenhagen auf der Ostseeinsel Seeland sowie auf den Inseln Amager und Saltholm im Øresund findet sich der Kalksand-Kalk (auch Kopenhagen-Kalk genannt). Andere Bezeichnungen, besonders für die durch Diagenese verhärteten Partien in diesem Gestein, sind Unterer *Crania*-Kalk, Foraminiferenkalk oder Saltholms-Kalk. Der Kopenhagen-Kalk ist gröber (sparitischer) als der Schlammkalk und typisch für das Oberdan. Je nach seinem Gehalt an Kalk, Tonpartikeln und Sand ist das Gestein weiß, grau oder gelblich, hart oder weich. Im Anstehenden finden sich Bänder von Flintknollen. Die Ablagerung der sparitischen Lagen der Kopenhagen-Formation erfolgte vermutlich bei geringerer Wassertiefe

Abb. 6.6: Bryozoen-Kalk aus dem Unterdan mit fossiler Foraminifere vom Typ Nodosaria (Bildmitte). FO Karlby Klint, Ostjütland.

Abb. 6.7: Bäumchenförmige Bryozoenkolonie in Flinterhaltung. L ca. 1,5 cm, FO Gjerrild Klint, Ostjütland.

Abb. 6.5: Das landschaftlich schöne Karlby Klint liegt auf der Halbinsel Djursland in Ostjütland. Auch hier ist Unterdan-Bryozoenkalk mit Flintknollen aufgeschlossen.

als beim Schlammkalk. Im Kopenhagen-Kalk gibt es jedoch auch mikritische, diagenetisch gehärtete Bänke, die äußerlich eher dem Schlammkalk ähneln (Gravesen 2018) und von diesem kaum zu unterscheiden sind. Nach Thomsen (2009) soll Kalksand-Kalk auch im Gebiet um Thisted am westlichen Limfjord im Untergrund vorkommen.

Die jüngsten Schichten der Kopenhagen-Formation bestehen aus einem weißen bis gelblichen, sehr harten Kalk, der nach seinem Vorkommen auf der Insel Saltholm im Öresund benannt ist („Saltholms-Kalk"). Dieser findet sich auch im Untergrund des Kopenhagener Stadtgebiets und bei Grenå auf Djursland.

In Nordjütland und am Limfjord sind zahlreiche Dan-Gesteine und -Fossilien zu finden (Abb. 6.20 bis 6.26, 6.28 bis 6.31, 6.34, 6.37; bei 6.27 a und b sowie 6.32, 6.33, 6.35 und 6.36 handelt es sich um Geschiebefunde aus Norddeutschland und Mitteljütland zum Vergleich). Bei losen Funden und Geschieben ist eine genaue Einordnung in das Unter-, Mittel- oder Oberdan oft schwierig, in vielen Fällen sogar die Abgrenzung zu Fossilien der Oberkreide. Häufig sind v. a. Seeigel. Man findet sie meistens als „Flintseeigel", wobei ihr Schaleninneres mit Flint oder Chalcedon ausgefüllt ist, teils mit erhaltener Schale, teils als Steinkern. Seltener sind Seeigel in Kalkerhaltung. An den Stränden sind Letztere wenig erhaltungsfähig, da sie in der Brandung schnell zerstört werden. Hier sind die Fundmöglichkeiten in Kalkgruben deutlich besser. Weiterhin sind Reste von Bryozoen, Schwämmen und Muscheln recht häufig, außerdem von Brachiopoden, Kalkröhrenwürmern, Seelilienstielgliedern und Foraminiferen.

Kalk-Geschiebe aus dem Oberdan in Süddänemark und Norddeutschland

Abb. K1: Dan-Kalk, möglicherweise vom Typ Glatved-Kalk, mit Grabgang. Durchmesser der Spur ca. 0,5 cm, Geschiebe, FO Schleswig-Holstein.

Bei Geschiebefunden in Norddeutschland kann man oft die verschiedenen Dan-Kalk-Typen nicht genau unterscheiden. Einige stammen aus Nordjütland, die Mehrzahl aber wohl von den dänischen Ostseeinseln. Gravesen (2018) schlägt vor, lose Kalkfunde im Geschiebe neu zu benennen. Früher wurden harte Dan-Kalke oft pauschal „Saltholms-Kalk" genannt, nach ähnlichen anstehenden (Oberdan-)Kalken auf der Insel Saltholm im Öresund. Diese Bezeichnung ist jedoch irreführend, weil auf Saltholm auch Bryozoenkalke des Mitteldans anstehen.

Glatved-Kalk (benannt nach Glatved auf der Halbinsel Djursland): Diese Geschiebe sind hart und mikritisch (Abb. K1). Sie enthalten typische Spurenfossilien, nämlich Grabgänge, die *Ophiomorpha* ähneln, außerdem den Brachiopoden *Carneithyris lens* und den Seeigel *Echinocorys obliqua*. Der Kalk stammt überwiegend aus dem Oberen Dan, kann aber auch älter sein. Er wird nach Osten hin glaukonitisch (d. h. weist grüne Glaukonitkörner auf).

Abb. K2: Dan-Kalk vom Typ Crania-Kalk. Dieser harte Kalk enthält Reste von craniiden Brachiopoden und ist sparitischer als der Schlammkalk z. B. des Limfjord-Gebiets. B des Fossils ca. 1,2 cm, Geschiebefund aus Norddeutschland.

Abb. K3: Dan-Kalk vom Typ Terkelskov-Kalk mit Resten von Kalkröhrenwürmern (Ditrupa). Durchmesser der Röhren ca. 2 bis 3 mm, Geschiebefund aus Schleswig-Holstein.

***Crania*-Kalk** (benannt nach einem häufigen Brachiopoden): Diese Oberdan-Kalke können als eine Untergruppe des Glatved-Kalks aufgefasst werden. Der *Crania*-Kalk liegt (auf Seeland) direkt unter dem Echinodermen-Konglomerat des Untersten Selandiums (Mittelpaläozän). Ein typisches Fossil ist der kleine Brachiopode *Crania* (*Danocrania*) *tuberculata* (Abb. K2).

Terkelskov-Kalk (benannt nach Terkelskov bei Farum auf Seeland): Dieser Kalk ist gelblich-weiß und angefüllt mit zusammengespülten Fossilien. Typisch sind die Kalkröhrenwürmer *Ditrupa schlotheimi* (gerade bis leicht gebogene Röhren, Abb. K3) und *Spirorbis hisingeri* (eingerollte Röhren) sowie die Brachiopoden *Crania* (*Danocrania*) *tuberculata* und *Crania posselti*.

Abb. 6.8: Brachiopode vom Terebratula-Typ im Bryozoenkalk. B des Fossils ca. 3 cm, Geschiebe, FO Schleswig-Holstein.

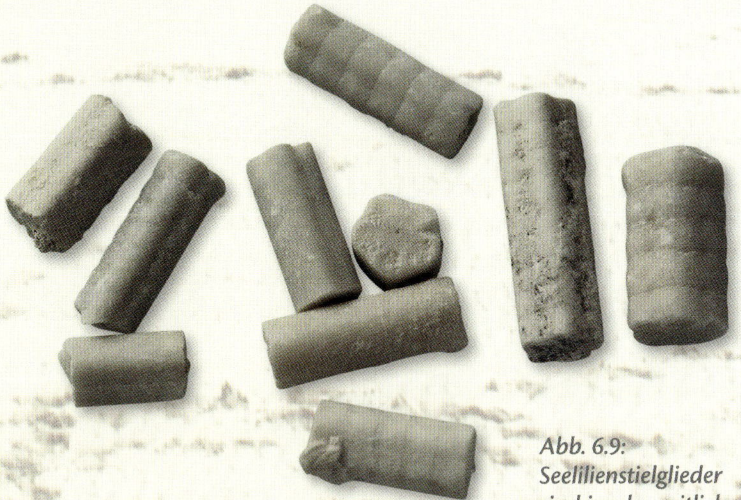

Abb. 6.9: Seelilienstielglieder sind im danzeitlichen Bryozoenkalk von Stevns Klint sehr häufig. L bis 1,5 cm.

Abb. 6.10: In der Grube von Faxe werden Dan-Kalke abgebaut. Sie ist ein Paradies für Fossiliensammler.

Abb. 6.11: Ein großer Teil der Kalke in Faxe besteht aus verzweigten Korallen aus der Gruppe der Steinkorallen (Scleractinia). Durchmesser der Korallenästchen ca. 0,5 cm, FO Faxe.

Abb. 6.12: Faxe-Kalk ist ein recht häufiges Geschiebe im südlichen Dänemark und in Schleswig-Holstein. Mit Glück kann man sogar findlingsgroße Stücke an den Stränden finden. Durch den Eistransport und die Ostseewellen sind Faxe-Kalk-Geschiebe meistens gerundet bzw. abgerollt. B 16,5 cm, Geschiebefund, FO Schleswig-Holstein.

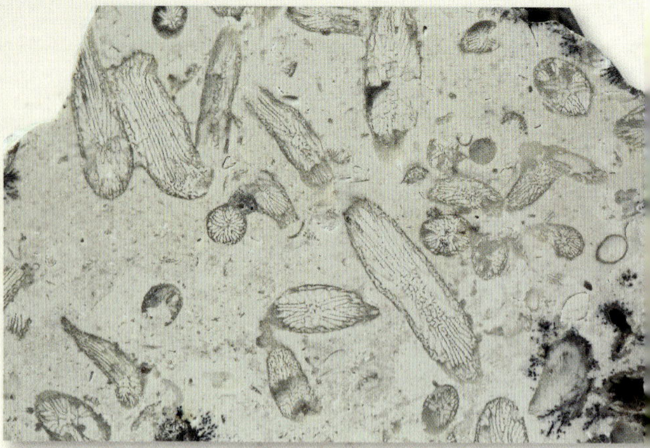

Abb. 6.13: Faxe-Korallenkalk, gesägt und poliert. Die Korallenreste sind deutlich zu erkennen. Durchmesser der Korallenfragmente ca. 0,5 cm, Anfertigung des Präparats: P. Parpart.

Abb. 6.14: Ebenfalls häufig sind ahermatypische Oktokorallen vom Typ Moltkia im Faxe-Kalk. Oktokorallen haben in der Regel kein Außenskelett, sondern eine innere Stützstruktur, die bei bestimmten Arten teilweise verkalkt und damit erhaltungsfähig ist. Sie war mit lebendem Gewebe überzogen; darin eingebettet lagen die Korallenpolypen. Kleine Gruben in der Stützachse markieren die Stellen, an denen die Polypen saßen. L der Korallenfragmente bis 1,6 cm, FO Faxe.

Abb. 6.15: Faxe ist berühmt für seinen Reichtum an fossilen Krebstieren. Am häufigsten sind die Panzer der Krabbe Dromiopsis rugosa. B 2,5 cm, FO Faxe, ehem. Slg. Mende.

Abb. 6.16: Schnecken und Muscheln sind im Faxe-Kalk häufig. Die Schnecke Palaeocypraea ist verwandt mit den heute lebenden Kauri-Schnecken. L bis 1,7 cm, FO Faxe, ehem. Slg. Mende.

Abb. 6.17: Muscheln im Faxe-Kalk. Die Größere ist 1,8 cm breit. FO Faxe, ehe Slg. Mende.

Abb. 6.18: Nautiliden-Schale im Querbruch. Im Faxe-Kalk wurden Gehäuse von mindestens drei Nautiliden-Arten gefunden. L 3,5 cm, ehem. Slg. Mende, Raisdorf.

Abb. 6.19: Typischer harter, verkieselter Schlammkalkblock von Hanstholm. Man kann darüber ins Grübeln kommen, ob das Gestein noch als verkieselter Kalk oder schon als Flint anzusprechen ist. Poröser Flint ist häufig genauso weiß wie der Kalk. Da hilft nur der Salzsäuretest.

Abb. 6.20: Verkieselter Dan-Kalk mit dem Rest einer Muschel. Dieses Gestein hat das typische Aussehen der Dan-Flinte von Nordjütland: teils hell und porös, teils mit dunkleren Partien reinen Flints. Länge des Fossils 3,4 cm, FO Vildsund/Thy.

Abb. 6.21: Schwarzer Flint mit zahlreichen Röhren von Kalkröhrenwürmern (im Querbruch zu sehen). Wahrscheinlich handelt es sich um Ditrupa. Durchmesser der Fossilien ca. 2 bis 4 mm, Geschiebe, FO Fur/Limfjord.

Abb. 6.22: Heller Flint mit zahlreichen ausgewitterten Bryozoenbruchstücken. L der Fossilien wenige Millimeter, Geschiebe, FO Halbinsel Salling.

Abb. 6.23: Auster Spondylus in verkieseltem Dan-Kalk. L des Fossils 3,3 cm, Geschiebe, FO Lodbjerg.

Abb. 6.24: Heller Flint mit weiterer Spondylus-Muschel. L des Fossils 2,5 cm, Geschiebe, FO Lodbjerg.

Abb. 6.25: Rest einer Steckmuschel (Pinna) im Flint. Steckmuscheln haben längliche, spitz zulaufende Schalen. Sie stecken mit dem spitzen Ende im Meeresboden. Man findet sie sowohl in Gesteinen der Kreidezeit als auch in danzeitlichen Sedimenten. L 3,5 cm, FO Lemvig.

Abb. 6.26: Kammmuscheln (Pectiniden) tragen am Wirbel kleine Fortsätze, die „Ohren". Diese sind bei diesem Fund sehr asymmetrisch ausgebildet und gut zu erkennen, obwohl das Fossil ungewöhnlich klein ist. Leider ist die Schalenskulptur, die für die Bestimmung wichtig ist, nicht erhalten. Verkieselter Dan-Kalk, B des Fossils 0,6 cm, FO Skærbæk/Mors.

Abb. 6.27 a: Geschiebefund: Weißer, möglicherweise danzeitlicher Flint mit glattschaliger Kammmuschel. Bei genauer Betrachtung sieht man die feinen bogenförmigen Anwachslinien. Nur eines der „Ohren" blieb erhalten. Kammmuscheln gab es sowohl in der Kreidezeit als auch im Dan. B des Fossils 2 cm, FO Vastorf bei Lüneburg.

Abb. 6.27 b: Weiterer, möglicherweise danzeitlicher Flint aus dem Geschiebe mit Kammmuschel. Bei der Muschel sind die „Ohren" erhalten. B des Fossils ca. 3,5 cm, FO Weißenhaus/ Schleswig-Holstein.

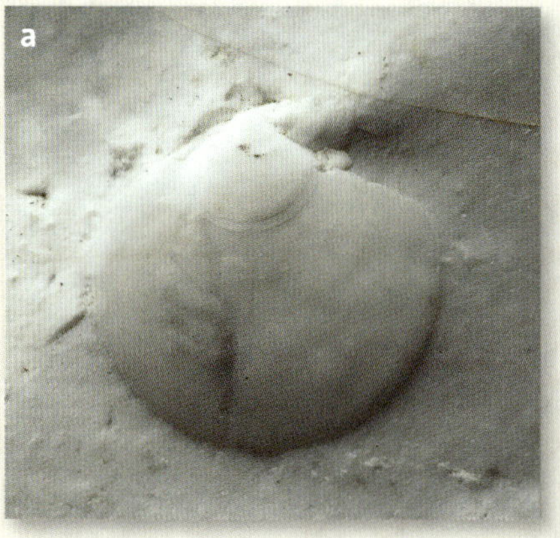

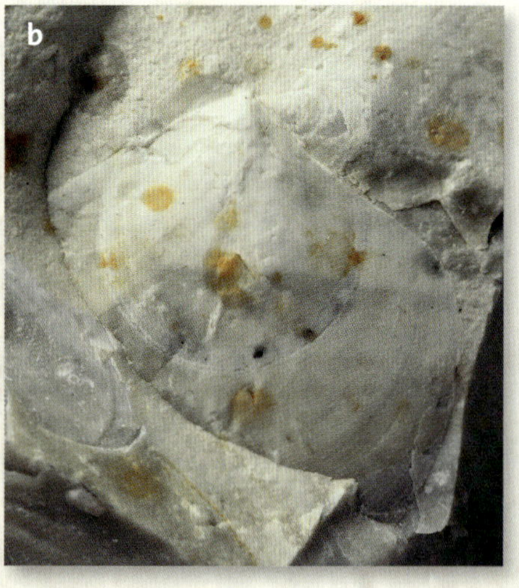

Abb. 6.28: Danocrania tuberculata ist ein kleiner inartikulater Brachiopode, der typisch für das Danium ist. Hier liegt er in Flinterhaltung vor. Die deutlichen Abdrücke der Muskelansatzstellen bei craniiden Brachiopoden bewirken, dass die Innenseite der Schale entfernt an einen Totenkopf erinnert (lat. cranium = Schädel). B des Fossils 1,2 cm, Geschiebe, FO Melbjerg.

Abb. 6.29: Von fossilen Meerasseln findet man in der Regel nur den hinteren Teil des Panzers (hier in Flinterhaltung). Man erkennt deutlich seine Tuberkulierung. Oft werden diese Funde als Palaega danica bestimmt; dies ist aber umstritten. Möglicherweise gehören einige dieser Funde auch zu anderen Gattungen (z. B. Bathynomus).

Abb. 6.30: Meerassel, verkieselter Dan-Kalk. L 5,5 cm, FO Kællingdal, Slg. Paulsen.

Abb. 6.31: Meerassel in Kalkerhaltung, L ca. 4,7 cm, FO Dalbyover, Slg. Paulsen.

Abb. 6.32: Bryozoenreiche Flintblöcke sind als Geschiebe in Norddeutschland sehr häufig. Sie stammen von den dänischen Ostseeinseln oder (seltener) aus Mittel- und Nordjütland. Von Sammlern werden sie meistens verschmäht, weil die winzigen Bryozoenreste makroskopisch nicht besonders attraktiv und zudem schwer zu bestimmen sind. Ihre wahre Schönheit zeigt sich erst unter der Lupe oder unter dem Mikroskop. FO Stohl/Schleswig-Holstein.

Abb. 6.33: Cheilostome Bryozoenkolonie in Flinterhaltung. Dieser Bryozoen-Typ ähnelt der der rezenten Seerinde. L der einzelnen Zoooecien ca. 1 mm, Geschiebe, FO Stohl/Schleswig-Holstein.

Abb. 6.35: Heller, höchstwahrscheinlich danzeitlicher Flint mit Abdruck von *Carneithyris aff. lens*. Glattschalige Terebratuliden sind typisch für die Kalke des Dans. Sie kommen daher auch in dem darin gebildeten Feuerstein vor. B des Handstücks 12,7 cm, Geschiebe, FO Heiligenhafen.

Abb. 6.34: Steinkerne von terebratuliden Brachiopoden. Vermutlich handelt es sich um die Gattung *Carneithyris*. Da dieser Brachiopode auch in der Oberkreide vorkam, ist eine genaue zeitliche Zuordnung in die Kreide oder das Dan nicht immer möglich. Sehr flache, fast kreisrunde Exemplare (*C. lens*) sind in der Regel danzeitlich. Größeres Stück B 3,6 cm, Geschiebe, FO südöstlicher Limfjord und Hanklit/Mors.

Abb. 6.36: Ein weiterer heller Flint mit dem Abdruck von *Carneithyris sp.*, der mit hoher Wahrscheinlichkeit dem Dan zuzuordnen ist. Bei genauer Betrachtung mit der Lupe sieht man im Feuerstein oft Details der Schalenstruktur (u. a. die Poren). B des Fossils 2,5 cm, Geschiebe, FO Ostseeküste Mitteljütlands.

Abb. 6.37: Oktokoralle *Moltkia* in einem verkieselten Schlammkalk. Oktokorallen sind in den Faxe-Kalken des Mitteldans sehr häufig, in den Schlammkalken Jütlands jedoch deutlich seltener. L des Fossils ca. 4,5 cm, Geschiebe, FO Lyby Strand/Salling.

Gesteine des Dans

Gesteine des Dans			
In fast allen Kalksteinen des Dans bildete sich Feuerstein. Alle Kalk- und Feuersteintypen des Dans können auch als Geschiebe vorkommen. Diese findet man in großen Teilen Dänemarks und auch in Norddeutschland.			
Abschnitte des Daniums	**Gesteinstyp und Vorkommen (Auswahl)**		
Oberdanium	Kopenhagen-Kalk (= Kalksand-Kalk) mit gehärteten Bänken (= Foraminiferen-Kalk, Unterer *Crania*-Kalk): v. a. Gegend um Kopenhagen/Seeland Im Kopenhagen-Kalk befinden sich auch Lagen von Schlammkalk!	Schlammkalk: N-Jütland (z. B. Thy, Thyholm, Mønsted)	Bryozoenkalk (z. B. Klintholm auf Ostfünen)
Mitteldanium	Faxe-Korallenkalk und Faxe-Bryozoenkalk: Gegend um Faxe/Seeland, außerdem Limhamn/Schonen (Südschweden)	Schlammkalk: Nordjütland (z. B. Limfjordgebiet, Hanstholm-Gebiet)	Bryozoenkalk: Nordjütland (z. B. Hanstholm-Gebiet)
Unterdanium		Schlammkalk: Nordjütland (z. B. Limfjordgebiet, Hanstholm-Gebiet)	Bryozoenkalk: z. B. Stevns Klint/Seeland, Nordjütland (z. B. Limfjordgebiet und Bulbjerg), Djursland (u. a. Karlby Klint und Sangstrup Klint)
	Cerithium-Kalk: Stevns Klint/Seeland	„Tote Schicht“: N-Jütland (entspricht dem *Cerithium*-Kalk auf Seeland)	
	Fischton: Stevns Klint/Seeland (idealtypische Aufschlüsse), Limfjordgebiet (Mors, Thy), Vokslev/Himmerland		

Abb. 6.38 Übersicht über die Gesteine des Dans

7. Nadeln und Poren: Die geheimnisvolle Welt der Schwämme

Sowohl in der Oberen Kreide als auch im Dan Dänemarks gehören Schwämme zu den häufigsten Fossilfunden. Leider sind viele Stücke nur unvollständig erhalten und schwer zu bestimmen. Trotzdem sind sie es wert, näher betrachtet zu werden.

Schwämme sind sehr ursprüngliche Organismen. Sie leb(t)en im Wasser und ernähren sich von Plankton und Detritus aus dem Wasserstrom, den sie über viele Eintritts- und eine oder mehrere Austrittsöffnungen durch ihren Körper strudeln. Die Körper der Schwämme sind daher porös. Sie werden von Kanälen durchzogen und weisen Hohlräume auf. Das Gewebe der Körperwandung wird durch eine Art Gerüst gestützt, das aus Skelettopal, Calciumcarbonat (Calcit oder Aragonit) und/oder Spongin (einem widerstandsfähigen hornartigen Skleroprotein) besteht. Bei fossilen Schwämmen blieben in der Regel nur die aus Kalk oder Skelettopal bestehenden Teile erhalten. Dies sind v. a. die Schwammnadeln oder Skleren (= Sklerite, Spicula). Form, Größe und Anordnung der Schwammnadeln sind artspezifisch. Vielfach sind die Sklerite miteinander zu dreidimensionalen Strukturen verbunden.

Man unterscheidet verschiedene Gruppen von Schwämmen. Die Kalkschwämme (Calcarea) besitzen ein kalkiges Stützskelett. Horn- oder Kieselschwämme (Demospongea) verfügen über ein- oder vierachsige Nadeln aus Skelettopal. Die Sklerite bilden ein dreidimensionales Gerüst, das bei bestimmten Arten durch Spongin zusammengehalten wird. Eine besondere Gruppe der Demospongea, die Echten Hornschwämme, besitzen keine Silikatnadeln. Ihr Skelett besteht aus Sponginfasern, die wenig erhaltungsfähig sind, weswegen diese Schwämme nur selten fossil überliefert werden. Die Glasschwämme (Hexactinellida) haben dreiachsige bzw. sechsstrahlige Nadeln aus Skelettopal. Die Nadeln der Hexactinellida sind nicht durch Spongin verkittet, aber sie können zu einem dreidimensionalen Gerüst verschmolzen sein. Die Skelettopal-Skleren der rezenten Schwämme bestehen aus ca. 90 % SiO_2 und 10 % anderen Substanzen.

In den Gesteinen der Oberkreide und des Daniums von Dänemark sind die Schwammnadeln nicht immer gut erhalten. Die Schwämme makroskopisch aufgrund ihrer äußeren Form zu bestimmen, ist sehr schwierig, da die Form des Schwammkörpers innerhalb einer Art sehr variabel sein kann. Exemplare ein und derselben Art können ganz unterschiedliche äußere Formen aufweisen, je nach den Umweltbedingungen, unter denen sie wachsen. Zudem ist die Form der Skelettelemente innerhalb eines Schwammkörpers oft unterschiedlich, d. h. die Form der Nadeln und Stützgewebe variiert. So kann die äußere Wandung (bzw. das äußere „Deckgespinst") des Schwammes völlig andere Skelettstrukturen aufweisen als die innere, oder als das zwischen ihnen liegende Parenchym. Oder die Schwammbasis kann ein anderes Stützgewebe zei-

Abb. 7.1: Dunkler Flint mit filigranem Schwammgewebe im Querschnitt. B des Bildausschnitts ca. 5 bis 6 cm, FO Limfjord.

gen als der Rest des Schwamms. Die Skleren verwandter Arten ähneln sich manchmal, sodass sie nur sehr schwer oder kaum zu unterscheiden sind. In seiner „Speziellen Paläontologie" (1983) schreibt Ziegler zur stratigrafischen Auswertung von Schwammfossilien: „Das sporadische Auftreten der Poriferen und die (durch die Merkmalsarmut vielleicht nur vorgetäuschte) Langlebigkeit vieler Arten und Gattungen verhindern eine feinstratigraphische Auswertung. Nur wenige Typen sind als Leitformen brauchbar." Das heißt für die dänischen Fossilien: Viele Schwämme des Dans ähneln denen des Maastrichtiums oder sogar des Campaniums, aber es muss sich deshalb nicht unbedingt um die gleichen Arten handeln.

In der Oberkreide von Norddeutschland und Dänemark sind Schwämme sehr häufig. Man denke etwa an die Fundorte Höver und Misburg bei Hannover, Lägerdorf in Holstein, Rügen in Mecklenburg-Vorpommern und Møn in Dänemark. Im Limfjord-Gebiet befinden sich viele Kreidegruben, in denen Schwämme des Maastrichtiums zu finden sind. Auch die Dan-Gesteine des Limfjordgebiets sind reich an Schwämmen, vermutlich, weil die Umweltbedingungen hier im Dan noch große Übereinstimmung mit der Oberkreide aufwiesen. Leider gibt es kaum geeignete Bestimmungsliteratur für die Schwämme des Dans. Bei Geschiebefunden in Norddänemark kommt für die Bestimmung erschwerend hinzu, dass die Schwämme sowohl aus der Oberkreide als auch aus dem Dan stammen können. Es ist daher sehr schwierig, die vielen faszinierenden Schwämme und Schwammreste zu bestimmen. Die Benennung der hier gezeigten Funde aus Dänemark und der Vergleichsstücke aus dem norddeutschen Geschiebe (Abb. 7.1 bis 7.25) erfolgt also nur unter Vorbehalt.

Abb. 7.2: Die Außenseite des lithistiden Schwammes *Ventriculites* weist senkrecht-ovale, längliche Öffnungen auf, die in regelmäßigen Reihen angeordnet sind. Der Schwamm hat oft eine trichterartige Gestalt. B ca. 17 cm, FO Bovbjerg.

Abb. 7.3: Heller, verkieselter Dan-Kalk mit dunklen Resten des Schwammes *Ventriculites* oder einer sehr ähnlichen Gattung. Bildausschnitt ca. 4,5 cm, FO Skærbæk/Mors.

Abb. 7.4: Schwammrest mit regelmäßig angeordneten, länglichen Poren, die mit Feuerstein ausgefüllt sind. Vermutlich handelt es sich ebenfalls um *Ventriculites* oder eine äußerlich ähnliche Gattung. B des Flints 12 cm, FO Livø.

Abb. 7.5: Dieser Schwamm ähnelt *Ventriculites*, jedoch sind die an der Außenseite liegenden Öffnungen nicht ganz so regelmäßig angeordnet. Die Schwammnadeln, die an der Oberfläche zu sehen sind, bilden eine unregelmäßige, netzartige Struktur. Möglicherweise gehört dieser Schwamm zur Gattung *Rhizopoterion*. L 6 cm, FO Fårtoft.

Abb. 7.6: Schwammrest mit größeren und kleineren Öffnungen, die von einem gitterartigen Gewebe umgeben werden. B des Bildausschnitts ca. 5,5 cm, FO Skærbæk/Mors.

Abb. 7.7: Der Schwamm *Aphrocallistes* ist oft fingerartig verzweigt. Seine Außenseite trägt feine, wabenartig angeordnete Öffnungen. B 10 cm, FO Skærbæk/Mors.

Abb. 7.8: Heller Dan-Flint mit dem Schwamm *Aphrocallistes*. L des Fossils ca. 4,5 cm, FO Lodbjerg.

Abb. 7.9: Wand von *Aphrocallistes* mit wabenartigen Öffnungen. Gesamt-Breite des Fossilrests ca. 3 cm, FO Skærbæk/Mors.

Abb. 7.10: Eine kleine „Sonne" im Flint: Schwammquerschnitt mit besonders regelmäßigen, fingerartigen Auswüchsen. Wahrscheinlich gehört auch dieser Geschiebefund zur Gattung Aphrocallistes. B 9 cm, FO Stohl/Schleswig-Holstein.

Abb. 7.11: Flint mit ? Aphrocallistes sp. Es ist nicht auszuschließen, dass einige dieser Schwämme auch anderen Gattungen angehören, da Skleren nur selten erhalten sind und man meist nur den eigenartigen Umriss des Fossils erkennt. Geschiebe, B des Fundstücks 14 cm, FO Schleswig-Holstein.

Abb. 7.12: Vermutlich danzeitlicher Schwamm mit serial angeordneten, regelmäßigen rundlichen Öffnungen. Die Öffnungen benachbarter Reihen liegen nebeneinander (ähnlich Sporadoscinia oder Ubiquiradius aus der Oberkreide). Die gitterartige Stützstruktur ist aus miteinander verschmolzenen Skleren aufgebaut. B des Bildausschnitts ca. 5 bis 6 cm, FO Vildsund.

Abb. 7.13: Besonders schöne Schwammstruktur in Flinterhaltung mit recht regelmäßig im Quincunx-Muster („wie bei einer Fünf auf einem Würfel") angeordneten runden Öffnungen. B des Stücks ca. 8,7 cm, FO Limfjord.

Abb. 7.14: Querschnitt durch eine Schwammwand (? Seliscothon) in einem hellen, verkieselten Dan-Kalk. Dicke der Wandung ca. 1,3 cm, FO Hanstholm-Gebiet.

Abb. 7.15: Wandung eines vermutlich trichterförmigen Schwamms in einem verkieselten Dan-Kalk, Durchmesser des Fossils ca. 18 cm, FO Kællingdal.

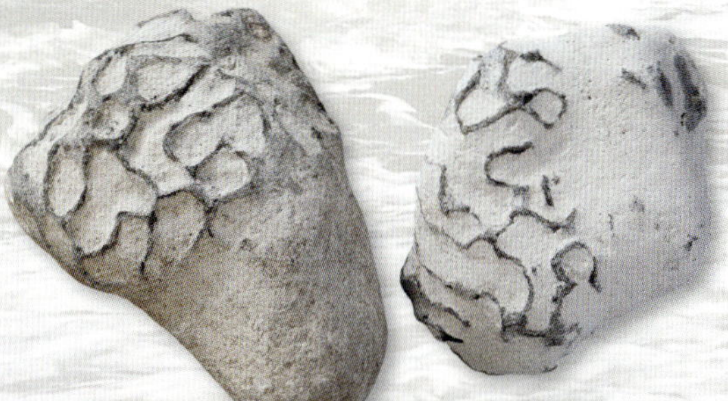

Abb. 7.16: Dieser Schwamm weist blättrige, im Querschnitt „mäandrierende" Strukturen auf. Früher wurden diese und ähnliche Schwämme auch unter der Sammelbezeichnung „Maeandrospongia" zusammengefasst. Möglicherweise gehören sie zur Gattung Plocoscyphia oder Plectascus. L des größeren Stücks 6,5 cm, FO Fårtoft.

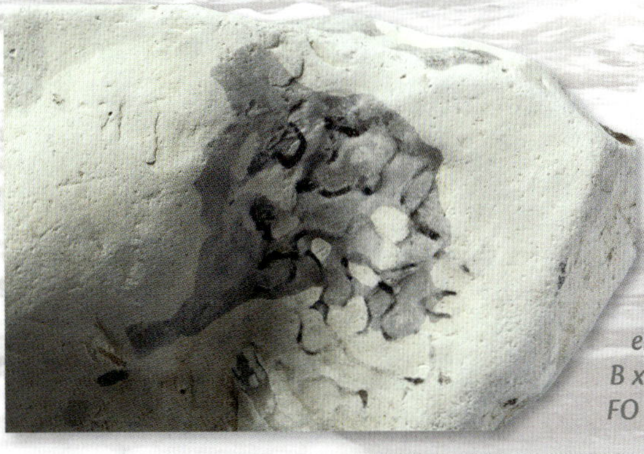

Abb. 7.17: Plocoscyphia (oder ähnliche Gattung) in einem hellen Dan-Flint. B x L ca. 4 x 5,5 cm, FO Hanklit/Mors.

Abb. 7.18: Bei diesem Fund eines hexactinelliden Schwammes (? Plocoscyphia) kann man Reste eines dreidimensionalen Gitters aus miteinander verschmolzenen Schwammskleren erkennen. B des Bildausschnitts ca. 2,5 cm, FO Skærbæk/Mors.

Abb. 7.19: Trichterförmiger, recht großer, vermutlich danzeitlicher Schwammrest in Flinterhaltung. Die Wandung weist zahlreiche runde Öffnungen auf. L 15,5 cm, FO Vildsund.

Abb. 7.20: wie Abb. 7.19, allerdings von der Innenseite.

Abb. 7.21: Der bekannteste und auch schönste Schwamm der Oberkreide im Ostseegebiet ist sicherlich der „Gurkenschwamm" Aulaxinia, zu erkennen an regelmäßigen Reihen von Ostien (Einströmöffnungen), die in vertikal verlaufenden Furchen angeordnet sind. Man findet ihn im Strandgeröll v. a. auf der dänischen Ostseeinsel Møn, aber auch im Geschiebe in anderen Teilen Dänemarks und in Norddeutschland. L bis 12,5 cm, verschiedene Fundorte in Dänemark und Schleswig-Holstein.

Abb. 7.22: Schwammwandung mit sehr gleichmäßigen „Falten" im Querbruch. Mit der Lupe kann man darin ein ebenso regelmäßiges dreidimensionales Gitter aus winzigen Schwammnadeln erkennen. Dicke der Wandung ca. 1,3 cm, FO Møn.

Abb. 7.23: Dieser Schwammrest besteht aus einem regelmäßigen, feinen Gitter mit nur millimetergroßen Öffnungen. Er lag vermutlich in Markasiterhaltung vor; das Schwefeleisen reagierte unter dem Einfluss von Feuchtigkeit und Sauerstoff zu Eisenoxiden und -hydroxiden („Rost"). Breite des Ausschnitts ca. 5 bis 6 cm, FO Aggersund, Slg. Paulsen.

Abb. 7.24: Kleiner, flachtrichterförmiger Schwamm, in dessen Paragaster noch Reste von hellem Kalksediment erhalten sind, was auf ein oberkreide- oder danzeitliches Alter hinweist. Man erkennt auch hier eine Stützstruktur aus miteinander verbundenen Schwammnadeln. Der Schwamm weist eine gewisse Ähnlichkeit mit der Gattung Callopegma auf. Durchmesser 4,8 cm, FO Ostjütland.

Abb. 7.25: Der kleine, kugelige Kalkschwamm Porosphaera globularis kommt sowohl in Kreide- als auch in Dan-Sedimenten vor. Oft weisen die kleinen Kugelschwämme ein Loch auf. Einige Wissenschaftler nehmen an, dass bestimmte Würmer diese Löcher erzeugten, um den Schwamm als eine Art tarnendes und schützendes, aber gleichzeitig leichtes und mobiles „Gehäuse" zu verwenden. Durchmesser 2,5 cm, FO südöstlicher Limfjord.

8. Dänemarks „Nationalfossil“: Der Seeigel

1

2

3

Abb. 8.1: Rezenter regulärer Strandseeigel (Psammechinus) vom Limfjord, mit fünfstrahliger Symmetrie. Man erkennt deutlich zahlreiche Warzen, auf denen die Stacheln befestigt waren. Diese waren beweglich, die Warzen fungierten als eine Art „Kugelgelenk“. Die Platten der Ambulakralfelder weisen kleine Öffnungen auf, aus denen die Ambulakralfüßchen austraten. Weiterhin sieht man auf dem Apex die Afteröffnung (Scheitelschild fehlt, daher wirkt sie sehr groß) und die fünf Genitalplatten mit den großen Genitalporen.

Abb. 8.2: Gehäuse des rezenten irregulären Seeigels Echinocardium (von aboral/Oberseite). FO Nordseeküste, Nordjütland.

Abb. 8.3: Rezenter irregulärer Seeigel Echinocardium (von oral/Unterseite). Am Gehäuserand sieht man die runde Afteröffnung, exzentrisch auf der Unterseite des Gehäuses die Mundöffnung. Echinocardium lebt im Sand eingegraben und hat nur kurze Stacheln (fehlen hier).

Fast jeder Dänemark-Urlauber hat am Strand schon mal einen fossilen Seeigel gefunden. Sie zählen zu den häufigsten Fossilien dort. Die Funde stammen aus der Oberen Kreidezeit und dem Danium, von wenigen Ausnahmen abgesehen. Sie liegen in Flinterhaltung und/oder in Kalkerhaltung vor. Auch Gehäuseteile wie Coronenfünftel, einzelne oder wenige zusammenhängende Platten sowie Stacheln sind häufig. Mit Glück lassen sich sogar „Seeigelfriedhöfe“ finden; darunter versteht man Gesteinsblöcke, in denen mehrere bis viele Seeigel erhalten sind.

Die Seeigel der Kreide und des Dans werden in zwei große Gruppen eingeteilt, die regulären und die irregulären Seeigel. Sie unterscheiden sich u. a. darin, dass die regulären Seeigel ein radialsymmetrisches Gehäuse besitzen, das aus fünf gleichartigen Koronenfünfteln besteht (**Abb. 8.1**). Die fünf Gehäuseeinheiten weisen jeweils ein Ambulakralfeld und ein Interambulakralfeld auf. Bei Ersterem tragen bestimmte Platten kleine, regelmäßig angeordnete Poren, durch die die Ambulakralfüßchen des Seeigels austreten können. Mit diesen kann er sich fortbewegen. Die Mundöffnung regulärer Seeigel befindet sich in der Regel zentral auf der Unterseite, der After sitzt am Apex (an der oberen Spitze) des Gehäuses. Irreguläre Seeigel sind dagegen nur bilateralsymmetrisch (Abb. 8.2 und 8.3). Die Mundöffnung liegt zentral oder dezentral an der Gehäuseunterseite. Der After befindet sich in einigem Abstand zum Mund entweder nahe dem Gehäuserand oder auf der Gehäusewölbung.

Der Limfjord ist für seinen ungemeinen Reichtum an fossilen Seeigeln berühmt (Abb. 8.20 und 8.21). Die weitaus meisten fossilen Seeigel, die man hier (und im übrigen Dänemark) findet, sind irreguläre Formen; von diesen wiederum gehören die allermeisten zur Gattung *Echinocorys*. Funde von anderen irregulären Seeigelgattungen sind recht selten, ebenso von regulären Seeigeln. Die hier abgebildeten Seeigel stammen nicht nur vom Limfjord, sondern auch aus anderen Teilen Dänemarks und aus dem Geschiebe Norddeutschlands.

Die Seeigel der Oberen Kreidezeit und des Unteren Paläozäns/Daniums (Abb. 8.4 bis 8.35) liegen in unterschiedlicher Erhaltung vor. Der seltenere Fall ist die Kalkerhaltung. Das Innere ist ggf. mit hellem Kalksediment oder Calcitkristallen ausgefüllt. Diese Seeigel sind in der Regel recht empfindlich; sie halten den Meereswellen und der Witterung nicht lange stand. Man findet sie jedoch oft in Kreide- bzw. Dan-

Opal, Flint und Chalcedon

Siliciumdioxid (SiO_2) ist ein Mineral mit vielen „Gesichtern“ und bildet verschiedene Kristallformen aus, kann aber auch amorph vorliegen. Bestimmte Organismen scheiden ein Skelett aus Opal ab, etwa Kieselalgen, Radiolarien oder Kieselschwämme.

Opal ist ein in unterschiedlichem Ausmaß wasserhaltiges Siliciumdioxid (SiO_2 x nH_2O). Opal A liegt vollständig amorph vor. Im Opal CT ist ein Teil des Siliciumdioxids kryptokristallin, d. h. es bildeten sich darin winzige Kristalle der Minerale Christobalit und Tridymit. Diese können variable Anteile von Aluminium, Natrium oder Kalium enthalten. Die Unterscheidung von Opal A und Opal CT ist nur apparativ möglich.

Schmuckopal ist überwiegend amorph. Durch winzige Kügelchen aus hydratisiertem Kieselgel (Wassergehalt!) zeigt er im Licht durch Reflexions- und Interferenzerscheinungen ein lebhaftes Farbenspiel („Opalisieren“). Flint bzw. Feuerstein (engl. chert) zählt ebenfalls zu den amorphen Erscheinungsformen des Siliciumdioxids. Er ist streng genommen auch eine Form von Opal und entstand als Konkretion beispielsweise in den Kreidekalkschichten der Oberkreide und des Daniums. Viele Flintknollen und -fossilien zeigen eine weiße und sehr harte Kruste auf dem dunklen glasartigen Flintkern, bei der es sich in der Regel nicht um anhaftende Kreide, sondern um porösen Flint handelt. Dies kann man leicht mit dem Säuretest feststellen, denn die Kruste löst sich nicht in verdünnter Salzsäure.

Abb. C1: Flint mit durchscheinendem, traubig ausgebildetem Partien. Vermutlich handelt es sich bei letzteren um Chalcedon. B des Bildausschnitts ca. 3 bis 4 cm, Kiesgrubenfund aus dem deutsch-niederländischen Grenzgebiet.

Abb. C2: Flint mit blasigem, weißem und hellblauem ? Chalcedon. B des Bildausschnitts ca. 3 cm, Geschiebefund aus Stohl (Schleswig-Holstein).

Siliciumdioxid, das unter Wasserverlust in einen krypto- bis mikrokristallinen Zustand mit zunehmender Gitterordnung übergeht, kann Chalcedon bilden. Chalcedon besteht aus kleinsten, parallel ausgerichteten, faserartigen Kristallen. Er ist durchscheinend, meistens farblos bis bläulich, seine Oberfläche wachsartig glänzend und oft blasig, wulstig oder traubig. Im Feuerstein finden sich nicht selten Bereiche, die aus Chalcedon bestehen (Abb. C1 bis C2). Manchmal ist auch das Innere von fossilen Seeigeln oder Brachiopoden mit Chalcedon ausgefüllt. Im Einzelfall ist Flint ohne apparative Hilfe nicht eindeutig von Chalcedon abzugrenzen.

kalkgruben. An den Stränden häufiger (weil härter) sind Seeigel in Flint- oder Chalcedonerhaltung, manchmal mit, häufig ohne Reste der ehemaligen Kalkschale. Oft ist die ehemalige Kalkschale durch Metasomatose in hellen, porösen Flint umgewandelt, der auf den ersten Blick wie Kalk aussieht. Dies ist dann durch den Säuretest unterscheidbar. Bei vielen Flintsteinkernen ist die Bestimmung der Gattung, ganz besonders aber der Art mitunter sehr schwierig bis unmöglich, da ohne die Schale wichtige Merkmale des Gehäuses fehlen. Dies gilt v. a. für die „Turbanseeigel“ *Phymosoma*, *Gauthiosoma* und verwandte Gattungen (**Abb. 8.4** bis **8.8**), aber auch in besonderem Maß für *Echinocorys** (**Abb. 8.20** bis **8.23**, **8.33** bis **8.35**, evt. **8.37** und **8.38**).

In Kalkgruben und im Strandkies kann man sich auch auf die Suche nach Gehäuseplatten oder Stacheln von Seeigeln machen. Diese liegen oft in Kalkerhaltung vor (**Abb. 8.13** bis **8.17**, **8.19**).

Viele Sammler interessieren sich besonders für Seeigel mit Wachstumsanomalien (beispielsweise fehlerhafte Plattenanordnung (**Abb. 8.23**), drei-, vier-, sechs- oder gar siebenstrahlige Symmetrie statt der normalen fünfstrahligen). Andere freuen sich, wenn sie sogenannte „Wabenigel“ (Olearius-Steine) finden (**Abb. 8.33** und **8.34**). Dies sind Seeigel, bei denen während der Fossilisation im Inneren des Gehäuses zunächst an den Platten orientierte Calcitkristalle entstanden. Später bildete sich Flint oder Chalcedon in den verbleibenden Hohlräumen des Gehäuses. Nach der Auflösung der Kalkschale und der Calcitkristalle sieht man einen bizarren Flint- oder Chalcedonsteinkern mit wabenartig angeordneten Hohlräumen dort, wo sich vorher die Platten und die Kristalle befanden. Der Kalkanteil kann hierbei auf natürlichem Wege weggelöst werden, etwa durch Huminsäuren im Boden oder durch Regenwasser, sodass man ein „Naturpräparat“ findet. Man kann bei geeigneten Stücken aber auch mit Essigessenz oder Salzsäure ein wenig nachhelfen. Der Name „Olearius-Stein“ geht auf Adam Olearius (Adam Ölschläger) zurück, der einen Wabenigel 1666 in seinem Werk „Gottorfische Kunst-Kammer“ abbildete und beschrieb. Auf Schloss Gottorf bei Schleswig unterhielt Herzog Friedrich III. damals eine Sammlung mit Kuriositäten, z.B. exotischen Kunstgegenständen, Kleidung, Waffen, ausgestopften Tieren, Fossilien u.v.m. Zum Teil stammten diese aus zwei Handelsexpeditionen nach Russland und Persien, die der Herzog initiiert und die Olearius als Sekretär begleitet hatte. Zu Olearius’ späteren Aufgaben als Hofmathematiker und -bibliothekar gehörten

Abb. 8.4: Phymosomatider regulärer Seeigel in Kalkerhaltung. Der Fund stammt aus der unter Seeigel-Sammlern berühmten Kalkgrube von Dalbyover in Nordostjütland. Durchmesser 2,2 cm, Slg. Paulsen.

Abb. 8.5: Regulärer Seeigel (vermutlich Phymosoma, Gauthiosoma oder verwandte Gattung) in hellem Flint. Durchmesser ca. 2 cm, FO Mogenstrup, Slg. Paulsen.

Abb. 8.6: Steinkern eines regulären Seeigels mit flachem Gehäuse („Turbanseeigel“). Da keinerlei Feinstrukturen der Platten und Stachelwarzen erhalten sind, ist eine genaue Bestimmung nicht möglich. Vermutlich handelt es sich um Phymosoma oder Gauthiosoma. Durchmesser ca. 3,8 cm, FO Halk/Südjütland.

Abb. 8.7: Regulärer Seeigel in bryozoenreichem Flint. Durchmesser 2,2 cm, FO Silstrup/Thy.

Abb. 8.8: Regulärer Seeigel, Flint-Steinkern. Durchmesser 2,5 cm, FO Vildsund/Thy, Slg. Paulsen

die Betreuung und Katalogisierung der herzoglichen Sammlung, in der offensichtlich auch Fossilien aus dem Ostseegebiet lagerten.

Manchmal findet man auch Seeigelgehäuse, deren Inneres nur zum Teil mit Flint oder Chalcedon gefüllt ist. Die leere Seeigelschale füllte sich nach der Verwesung der Weichgewebe teilweise mit Sediment, das über die Mund- oder Afteröffnung eindrang. Die Sedimentfüllung sank der Schwerkraft folgend nach unten. Später bildete sich im Rest des Gehäuses Flint/Chalcedon. Es war also ein Teil des Gehäuses mit Sediment, ein anderer mit Feuerstein/Chalcedon ausgefüllt. Kommt die Verkieselung hier zum Erliegen, resultieren daraus oft „halbe" Seeigel mit einer ebenen Grenzfläche. Denn wenn solche Gehäuse auf dem Strand liegen, bleibt auf Dauer nur der Flint- bzw. Chalcedon-Anteil übrig, der weichere Kalkanteil wird abgerollt oder aufgelöst. Wurde jedoch die Sedimentfüllung durch Metasomatose ebenfalls in Flint/Chalcedon umgewandelt, konnte der Seeigel als ganzer Steinkern erhalten bleiben. Die ehemalige Sedimentfüllung weist jedoch Verunreinigungen mit Sedimentbestandteilen auf. Der Flint, der sich darin bildete, ist deshalb in der Regel weniger „rein" und daher kaum lichtdurchlässig. Die Grenze zwischen dem verkieselten, ehemaligem Sediment und der SiO_2-Neubildung im restlichen Gehäuse ist sehr scharf und gut zu erkennen, wenn letztere so beschaffen ist, dass Licht hindurch schimmern kann. Aus der Lage der SiO_2-Füllungen und der Grenze zwischen ihnen kann man auf die Position des Seeigels im Sediment schließen (sogenannte „fossile Wasserwaage", Abb. 8.35).

Bei einigen Flint-Seeigeln und auch an anderen Fossilien kann man Kiesel- bzw. Flintringe (Buch'sche Ringe, Abb. 8.36 bis 8.38) beobachten, die sich auf den Platten oder um die Ambulakralöffnungen herum gebildet haben. Sie enstanden bei der Metasomatose, wenn Teile des Kalkskeletts durch SiO_2 ersetzt wurden.

***Anmerkung:** Die Autorin verweist hierzu auf den wichtigen Hinweis von Manfred Kutscher in seinem „Bestimmungsschlüssel für die Seeigel der Untermaastricht-Schreibkreide" (2003): „Die Nutzung des Bestimmungsschlüssels setzt eine ausreichende Erhaltung der Seeigel (Schalenerhaltung) voraus. Steinkerne können danach bestenfalls in Ausnahmen bis zur Gattung bestimmt werden". Die Arten der Gattung *Echinocorys* wurden in der letzten Zeit revidiert. Viele Arten scheinen keinen Bestand mehr zu haben und nur verschiedene Formen der Art *Echinocorys scutata* zu sein. Deswegen wird hier bewusst darauf verzichtet, verschiedene *Echinocorys*-Arten darstellen zu wollen.

Abb. 8.9: Abdruck eines Coronenteils mit Stachelwarzen und Stacheln eines regulären Seeigels (vermutlich Stereocidaris oder Temnocidaris) in Flinterhaltung. B 4 cm, FO Stohl/Schleswig-Holstein.

Abb. 8.10: Bryozoenreicher Flint mit Abdruck eines Teils der Corona von Temnocidaris sp. B ca. 3,6 cm, Kiesgrubenfund au Ostniedersachsen (leg. Dr. A. Popp).

Abb. 8.11: Dieser traumhaft schöne helle danzeitliche Flint zeigt mehrere Exemplare von Hyposalenia cf. heliophora bzw. deren Abdrücke. „Salenien" (Salenia, Salenidia und verwandte Gattungen) besitzen oft nur sehr kleine Gehäuse. B des Feuersteins 5,4 cm, FO Skærbæk/Mors, Slg. Paulsen.

Abb. 8.12: „Salenien" zählen zu den regulären Seeigeln. Sie sind mit verschiedenen Arten sowohl in der Oberkreide als auch im Paläozän/Dan vertreten. Gleiches Stück/andere Seite mit Hyposalenia wie in der vorigem Abb., Durchmesser der Seeigel bis 1 cm, FO Skærbæk/Mors, Slg. Paulsen.

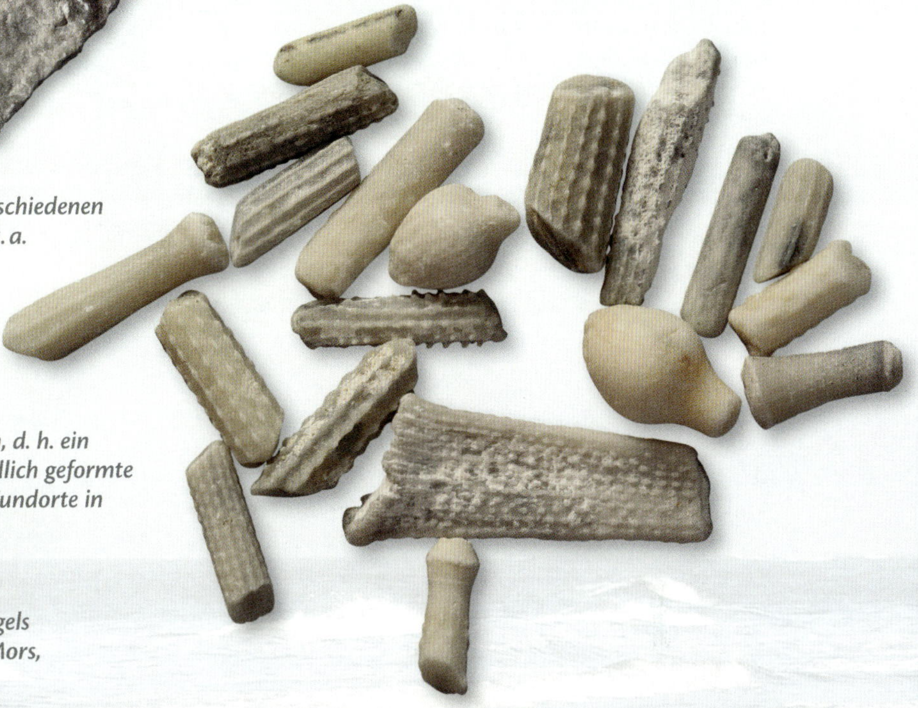

Abb. 8.13: Bruchstücke von Seeigelstacheln von verschiedenen Arten aus Oberkreide und Paläozän/Dan. Es gibt u. a. spitz zulaufende, keulenförmige, spatelförmige, kugelige, am oberen Ende verzweigte oder schirmförmige Stacheln. Die Form der Seeigelstacheln ist artspezifisch. Man kann die Stacheln daher zur Artbestimmung heranziehen. Ein und dieselbe Art kann jedoch verschiedene Stachelformen und -größen ausbilden, d. h. ein Seeigel kann unterschiedlich große und unterschiedlich geformte Stacheln aufweisen. L bis ca. 2,8 cm, verschiedene Fundorte in Norddeutschland und Dänemark.

Abb. 8.14: Sehr lange Stacheln eines regulären Seeigels (vermutlich Stereocidaris). L ca. 11 cm, FO Erslev/Mors, Slg. Paulsen.

Abb. 8.15: Gehäuseplatten und lange Stacheln eines cidariden regulären Seeigels, Obermaastricht. Gesamt-B 14 cm, FO Hillerslev/Thy, Slg. Paulsen.

Abb. 8.16: Keulenförmige Primärstacheln von regulären Seeigelarten. Seeigelstacheln findet man am besten, indem man sich hinsetzt und den Strandkies durchsieht. L bis 3,2 cm, verschiedene Fundorte in Norddeutschland und Dänemark.

Abb. 8.17: Stachel von Tylocidaris baltica. Dieser reguläre Seeigel lebte in der Oberkreide. L 3,3 cm, FO Erslev/Mors, Slg. Paulsen.

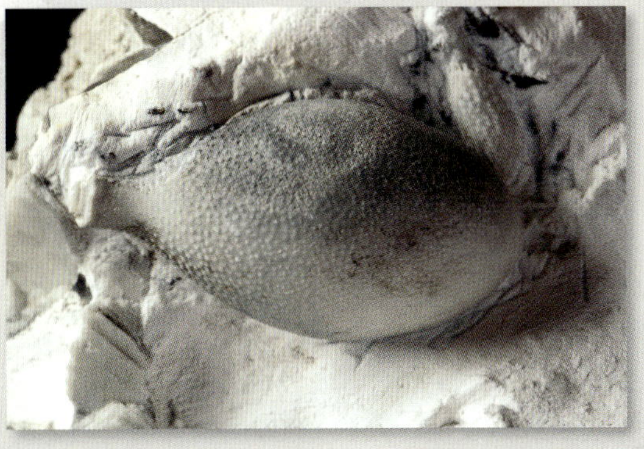

Abb. 8.18: Heller Flint mit Abdrücken von massenhaft kleinen Seeigelstacheln. Durchmesser der Stacheln ca. 1 mm, FO Ostjütland.

Abb. 8.19: Kleine, keulenförmige Stacheln von regulären Seeigeln aus dem Unterdan von Stevns Klint: links Tylocidaris oedumi bzw. hardouini, rechts T. abildgaardi. Seeigelstacheln sind wichtige Leitfossilien für das Dan. L bis 1,3 cm.

Abb. 8.20: Fossile Seeigel der irregulären Gattung Echinocorys. Diese Seeigel zählen zu den häufigsten Funden am Limfjord (und auch im Geschiebe im restlichen Dänemark und in Norddeutschland). Echinocorys-Arten lebten sowohl in der Kreidezeit als auch im Danium. L bis ca. 4 cm, FO überwiegend Limfjord und nördliches Dänemark.

Abb. 8.21: Von der Brandung abgerollte Steinkerne von Echinocorys. Der überwiegend dunkle Flint mit den hellen Porenreihen ist schön anzuschauen. L bis ca. 4 cm, FO überwiegend Limfjord und Norddänemark.

Abb. 8.22: Echinocorys und Seelilienstielrest. In der Kalkgrube Dalbyover wurden Tausende von Echinocorys-Seeigeln in hervorragender Erhaltung gefunden. L des Seeigels 6,5 cm, Slg. Paulsen.

Abb. 8.23: Echinocorys mit Wachstumsanomalie. Zur besseren Sichtbarkeit wurden die Plattengrenzen hier mit Bleistift nachgezeichnet. Nicht wenige Seeigel in Dalbyover zeigen Abweichungen der normalen Plattenanordnung. Zu deren Ursachen zählen v. a. Umweltstress (ungewöhnlich warme oder kalte Temperaturen, Öl-/Gasaustritt, Seebeben, Vulkanismus etc.), Verletzungen oder Gendefekte. Slg. Paulsen.

Abb. 8.24: Seeigel der Gattung Galerites sind im Süden und Osten Dänemarks und in Norddeutschland recht häufig, kommen aber in Nordjütland und am Limfjord nur sehr selten vor. Ihr Gehäuse läuft in der Regel spitzkegelig zu (seltener flachkegelig) und ist von oben betrachtet radialsymmetrisch. Von unten sieht man aber, dass es sich um irreguläre Seeigel handelt: Die Afteröffnung liegt exzentrisch am Gehäuserand (s. Exemplar oben rechts). Galerites ist auf die Kreidezeit beschränkt und kommt im Danium nicht mehr vor. Es gibt einige sehr ähnliche Gattungen wie Conulus und Echinogalerus, von deren Steinkernen die von Galerites oft nur schwer zu unterscheiden sind. B bis ca. 4 cm, verschiedene Fundorte in Norddeutschland und Dänemark.

Abb. 8.25: Der irreguläre Seeigel Cyclaster (früher: Brissopneustes) zählt zu den selteneren Funden am Limfjord. L 3,7 cm, FO Hanklit/Mors, Slg. Paulsen.

Abb. 8.26: Schön erhaltener Steinkern von Cyclaster bzw. Brissopneustes. L ca. 5 cm, FO Terndrup, Slg. Paulsen.

Abb. 8.28: Bei diesem Irregulären mit sehr stark eingesenkter Vorderfurche, die sich über mehr als die Hälfte der Gehäuselänge erstreckt, handelt es sich vermutlich um die seltene Gattung Proraster. L 4,7 cm, FO Fur, Slg. Paulsen.

Abb. 8.27 a: Cyclaster bzw. Brissopneustes, Steinkern. Bei diesem Fund erkennt man den schwachen Kiel auf der Gehäuseoberseite (im Bild links gut zu sehen). L 3,2 cm, Strandfund von Ostjütland.

Abb. 8.27 b: Gleiches Stück wie in der vorigen Abbildung, Unterseite mit Mundöffnung.

Abb. 8.29 a (Oberseite) und b (Unterseite): Herzförmige Seeigelgehäuse werden unter Sammlern auch „Herzigel“ genannt. Da sie in Dänemark recht selten gefunden werden, sind sie entsprechend begehrt. Zu ihnen zählen u. a. die Gattungen Cardiaster und Micraster, obwohl sie nicht nahe miteinander verwandt sind. Dieser Fund ist wegen der eingesenkten Porenreihen wohl als Micraster anzusprechen. L 5,4 cm, FO Ostjütland.

Abb. 8.30: Feuerstein mit Unterseite eines „Herzigels“. L 4 cm, FO Fyns Hoved, Insel Fünen.

Abb. 8.31 a (Oberseite) und b (Unterseite): Dieser irreguläre Seeigel (evtl. aus der Verwandtschaft von Micraster oder „Linthia“) wurde vor der Verkieselung leicht zerdrückt. Die Porenreihen sind eingesenkt. L 3,6 cm, FO Ostjütland.

Abb. 8.32: Hellgrauer, schlieriger und poröser Flint mit zwei irregulären Seeigeln mit eingesenkten Porenreihen. Größeres Exemplar 3,1 cm lang, Geschiebe aus Schleswig-Holstein.

Abb. 8.33: Echinocorys, teils als Wabenigel ausgebildet. Ein Teil des Seeigelgehäuses ist mit Flint gefüllt, schräg oben finden sich Wabenstrukturen aus hellblauem Flint oder Chalcedon. L 4 cm, Slg. Paulsen.

Abb. 8.34: Wabenigel oder Olearius-Stein. An den Gehäuseplatten dieses Echinocorys wuchsen zunächst Calcitkristalle nach innen. In einem zweiten Schritt kristallisierte das Gehäuse mit Flint/Chalcedon aus. Die spitzen Calcitkristalle wurden hierbei vom Flint/Chalcedon umschlossen. Nach Auflösung des Kalks (hier wurde mit Essigessenz etwas nachgeholfen) blieb ein bizarr geformter Wabenigel zurück. L 4 cm, FO Fårtoft bei Thisted.

Abb. 8.35: Echinocorys-Gehäuse als „Fossile Wasserwaage". Der eine Teil des Gehäuses besteht aus grauem Flint, der andere aus durchscheinendem Flint oder Chalcedon. Der Seeigel lag mit höchster Wahrscheinlichkeit bei seiner Einbettung mit der rechten Seite nach unten im Sediment. L 6 cm, Slg. Paulsen.

Abb. 8.36: Kieselringe (Buch'sche Ringe) auf einem Schalenrest. Bei der Verkieselung von Kalkschalen bilden sich häufig ringförmige Strukturen. Sie wurden 1828 zuerst von dem Geologen Leopold von Buch beschrieben und später nach ihm benannt. B 3 cm, Geschiebe, FO Schleswig-Holstein.

Abb. 8.37: Platten eines Seeigelgehäuses mit bizarren Kieselringen. B des Bildausschnitts ca. 3 cm, Geschiebefund.

Abb. 8.38: Seeigelplatten mit konzentrischen Kieselringen, die den Plattenumrissen folgen. Gesamt-B 4,5 cm, FO südwestlicher Limfjord.

Abb. 9.1: Das imponierende Hanklit liegt auf der Limfjordinsel Mors. Im Kliff ist eozäner Moler aufgeschlossen. Bei starkem Westwind ist der Strand oft nicht zugänglich.

9. Wanzen, Fische und Schlangensterne: Moler

Das wohl berühmteste Gestein des Limfjordgebiets ist der Moler. Im Moler (deutsch: „Mo-Ton“) befinden sich zahlreiche Vulkanaschelagen, die von Eruptionen zeugen, die in Verbindung mit der „Öffnung des Atlantiks“ im Paläogen standen. In diesem Gestein (und im etwas älteren Stolleklint-Ton, s. u.) sind außerdem zahlreiche hervorragend erhaltene Fossilien gefunden worden, sowohl von Meeresorganismen als auch von Landpflanzen und -tieren (darunter verschiedenen Insekten). Einige Beispiele aus der Sammlung Paulsen sowie eigener Funde der Autorin zeigen die Abb. 9.13 bis 9.14 und 9.16 bis 9.33. Moler ist an zahlreichen Stellen am Limfjord aufgeschlossen (Abb. 9.2). In den landschaftlich schönen Moler-Kliffs (Abb. 9.1, 9.4) kann man die Vulkanaschelagen noch deutlich erkennen, ebenso die Verformungen des Gesteins durch den Gletscherdruck der Eiszeiten.

Entlang des neu entstehenden mittelatlantischen Rückens drifteten im Eozän zwei Kontinentalplatten auseinander. Auf der westlichen Seite lagen die Vorläufer des heutigen Grönlands und Nordamerikas, auf der östlichen die des heutigen Dänemarks und Eurasiens. Der Atlantik war zu dieser Zeit nur eine schmale Meeresstraße. Dort, wo heute die Färöer-Inseln liegen, befand sich damals die Ostküste Grönlands. Und ungefähr dort kam es entlang der Plattengrenzen zu gewaltigen Vulkanausbrüchen, deren Auswurfmaterial durch die Luftströmungen in das damalige Limfjordgebiet transportiert wurde („Nordatlantische Vulkanprovinz“). Die vulkanische Asche lagerte sich als Tuffit auf dem Meeresboden ab und ist ein Bestandteil der Moler-Schichten des Limfjords (Abb. 9.3, 9.6., V4, siehe auch Kasten „Das Rätsel der Vulkanasche“). Die Aschewolken erreichten u. a. auch Fehmarn und die Greifswalder Oie; dort fand man ebenfalls entsprechende Ablagerungen bzw. Nahgeschiebe mit Tuffiten. Die Bildung des Atlantiks ist übrigens immer noch im Gang. Der mittelatlantische Rücken verläuft überwiegend untermeerisch, er quert jedoch heute die Insel Island.

Abb. 9.2: Moleraufschlüsse am Limfjord (nach Lindow & Krüger, 2011)

Abb. 9.3: *Molerschichten auf der Insel Mors. Die dunklen Bänder bestehen überwiegend aus Tuffit (sedimentierter Vulkanasche), in den helleren überwiegen Diatomeen und Ton. In der linken Bildhälfte erkennt man eine hellgraue Ascheschicht und eine flach-linsenförmige Zementstein-Konkretion.*

Bei der Sedimentation der vulkanischen Aschen sanken die größeren, schwereren Partikel zuerst auf den Meeresboden, dann die kleineren, leichteren. Mit der Lupe oder dem Mikroskop kann man diese Korngrößenverteilung noch in den Ascheschichten im Molergestein sehen (Abb. V3). In den Ascheschichten +114 und +118 (s. Kasten) finden sich eigenartige Wellenlinien. Es handelt sich dabei um Entwässerungsstrukturen. Aus dem wassergesättigten Sediment wurde durch nachfolgende Verdichtung Wasser herausgedrückt, was zu tellerartigen Mustern führte (Abb. V1).

Moler ist ein Sedimentgestein, das aus fossilen kieseligen Diatomeengehäusen (Abb. 9.7, 9.8), Tonpartikeln und Vulkanasche besteht. Das Gestein könnte man einerseits als Diatomit, andererseits aber auch als Tuffit oder Tonstein bezeichnen. Es entstand im Unteren Eozän vor etwa 55,5 bis 54 Millionen Jahren. In den Molerschichten bildeten sich durch im Bodenwasser gelösten Kalk linsen- oder knollenförmige, kalkhaltige Konkretionen, die sogenannten Zementsteine (Abb 9.5). Ihren Namen erhielten sie, weil sich aus ihnen besonders gut Zement herstellen ließ. Der eigentliche Moler ist ein kalkfreies, sehr poröses, weiches und leichtes Gestein, das sich mit den Fingern zerbröseln lässt. Hingegen sind die Zementsteine sehr hart und zäh; selbst mit dem Hammer lassen sie sich nur schwer aufschlagen. Unverwittert ist Moler eigentlich grau und enthält Pyrit (Schwefeleisen). Dieser oxidiert unter dem Einfluss von Sauerstoff und Feuchtigkeit und wird durch Regen- und Meerwasser aus dem Moler herausgewaschen (Abb. 9.12). Moler, der längere Zeit der Witterung ausgesetzt war, ist dann cremefarben, gelblich oder hellgrau.

Je nach der vulkanischen Aktivität im eozänen Nordatlantik und der Windrichtung gab es im Limfjordgebiet Zeiten stärkerer und geringerer Sedimentation von Asche. Größere Ausbrüche sind als Aschebänder in den Molerschichten und in den Zementsteinen deutlich zu erkennen. Man unterscheidet mehr als 200 Aschelagen, die sich an den verschiedenen Aufschlüssen korrelieren lassen. Ihre Mächtigkeit reicht von wenigen Millimetern bis zu

19 Zentimetern. Die meisten Ascheschichten sind schwarz oder dunkelbraun und weisen auf einen basaltischen Vulkanismus hin. Es gibt jedoch auch Graue oder Hellgraue, die auf quarzreiche, rhyolitische Eruptionen hindeuten, die in der Regel heftiger und explosiver sind als die basaltischen, da das aufsteigende Magma dickflüssiger ist. Zähflüssige Magmen verstopfen leicht Vulkanschlote und wirken wie ein Korken auf einer Flasche Sekt. Wenn der Druck ausreichend groß ist, erfolgt ein explosiver Ausbruch, bei dem das Auswurfmaterial besonders hoch bzw. weit geschleudert wird.

Die Moler-Sedimente werden in zwei Formationen eingeteilt, die (ältere) Fur-Formation (Typuslokalität auf der Insel Fur) und die (jüngere) Silstrup-Formation (Typuslokalität am Kliff von Silstrup südlich von Thisted auf Thy). Unterhalb der eigentlichen Molerschichten liegt ein dunkler, laminierter, kalkfreier Ton, der Stolleklint-Ton (Abb 9.11). Dieser ist durch fein verteiltes Schwefeleisen und organisches Material grau bis fast schwarz und befindet sich zwischen den Ascheschichten -33 und -39. Der Stolleklint-Ton wurde nach dem Stolleklint auf Fur benannt. Er ist im Unterschied zum Moler kein Diatomit. Im Stolleklint-Ton (und auch in den älteren Lagen des Molers der Fur-Formation) finden sich härtere, fein laminierte, verkieselte Partien, die als „Schiefer" bezeichnet werden (Abb. 9.9 und 9.10).

Sowohl im Stolleklint-Ton als auch im Moler (und besonders in den in ihnen enthaltenen Konkretionen) wurden herausragend gut erhaltene Fossilien gefunden. Viele von ihnen sind „Danekræ" (siehe Kapitel 14), d.h. sie sind von besonderer wissenschaftlicher oder ästhetischer Qualität und Bedeutung. In den Molermuseen auf Fur und auf Mors gewinnt man einen ersten Eindruck von der faszinierenden Vielfalt der Funde. Die Vitrinen sind angefüllt mit hervorragend präparierten Meeresorganismen wie verschiedensten Fischarten, Krebstieren, See-

Abb. 9.5: Im Moler bildeten sich linsenförmige kalkige Konkretionen, die „Zementsteine" genannt werden (Bildmitte). Sie weisen oft Tuffitbänder auf. Die Zementsteine enthalten in ihrem Zentrum etwa 75 bis 90 % Calcit. Dieser stammt wahrscheinlich nur zu einem kleinen Teil aus aufgelösten Kalkschalen. Man vermutet, dass der Hauptteil des zur Verfügung stehenden Kalks durch Stoffwechselprozesse von am und im Meeresboden lebenden Bakterien gebildet wurde (Pedersen et al. (2011)).

Abb. 9.4: Die Moler-Kliffs am Limfjord (hier: das Knudeklint auf der Insel Fur) zählen zu den schönsten Naturlandschaften Dänemarks.

Das Rätsel der Vulkanasche

Abb. V1: Entwässerungsstrukturen in einer Vulkanaschelage (+114 oder +118). Durch die nachträgliche Verdichtung des wassergesättigten Sediments entwich Wasser. Dadurch entstanden diese welligen tellerartigen Strukturen. FO Fur.

Die Tuffite in den Molerkliffs des Limfjords sind für jeden Betrachter eindrucksvoll (Abb. V1, V3, V4). Sie waren jedoch für Generationen von Geologen ein großes Rätsel. Noch in der ersten Hälfte des 19. Jahrhunderts glaubte man, dass es sich bei den dunklen Lagen im Moler um Kohlensand handele. 1809 mussten schwedische Kriegsgefangene einen 40 Meter langen Stollen in das Stolleklint auf der Limfjordinsel Fur graben, um dort nach abbaubarer Kohle zu suchen – aus heutiger Sicht natürlich vergeblich. Der dänische Name „Stolleklint" bedeutet übrigens nichts anderes als „Stollen-Kliff".

Zwei belgische Forscher untersuchten Ende des 19. Jahrhunderts die Diatomeen im Moler und fragten an der Universität Kopenhagen an, ob den dortigen Geologen das Vorkommen von Vulkanasche in den Molerschichten bekannt sei. Das war scheinbar nicht der Fall. Daraufhin wurden von dänischer Seite neue Untersuchungen eingeleitet. Die Wissenschaftler N. V. Ussing und O. B. Bøggild vermaßen zu Beginn des 20. Jahrhunderts die Ascheserien an verschiedenen Aufschlüssen und nummerierten sie von -39 bis +140. Bøggild veröffentlichte die Ergebnisse 1918 unter dem Titel „Den Vulkanske Aske i Moleret".

Die Aschelagen mit den negativen Zahlen werden seitdem „die negative Serie", die mit den positiven entsprechend „die positive Serie" genannt. Man fragt sich allerdings, warum negative Zahlen benutzt wurden. Dies geht auf eine Entscheidung Ussings zurück. Um die Ascheschichten an den verschiedenen Lokalitäten zu korrelieren, wählte er als Bezugshorizont eine auffällige, helle, dicke Schicht aus und benannte sie mit „+1". Man konnte sie gut erkennen, da direkt unterhalb von ihr die Aschelagen weit auseinander lagen, oberhalb jedoch dichter zusammen.

Die große Frage war jetzt: Woher kamen die vulkanischen Sedimente? In ganz Dänemark gibt es keinen einzigen Vulkan, noch nicht mal einen erloschenen. Den Wissenschaftlern war klar, dass die Quellen des Auswurfsmaterials anderswo liegen mussten. Bei weiteren Untersuchungen in Dänemark fand man auch Aschelagen in Mitteljütland und auf der östjütischen Halbinsel Helgenæs. S. A. Andersen konnte beweisen, dass diese von Norden nach Süden dünner wurden, was auf einen Ursprung im Norden hinwies. Zunächst vermutete man daher einen Vulkanismus im Skagerrak. Durch die umfangreichen Bohrungen bei der Erschließung der Öl- und Gasvorkommen in der Nordsee wurde klar, dass die Aschelagen sich u. a. über die gesamte Nordsee, Südostengland, Norddeutschland und den Atlantik südlich von Irland erstreckten. Dies führte zu der Erkenntnis, dass es im Nordatlantik einen Vulkanismus gegeben haben

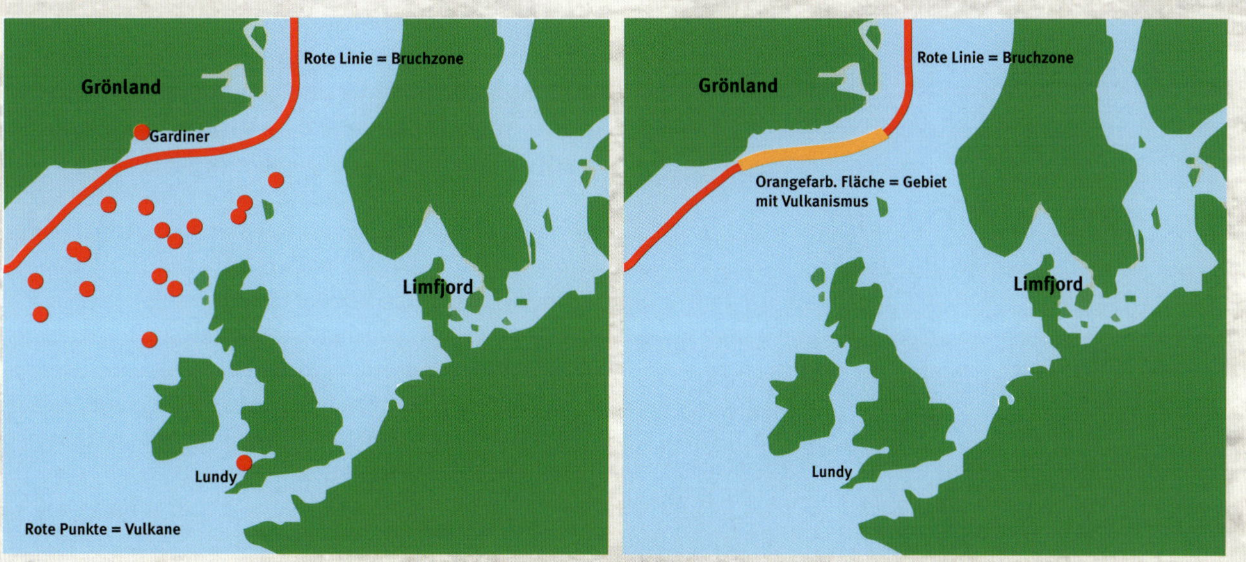

Abb. V2 a: Eozäner Vulkanismus in der Nordatlantischen Vulkanprovinz zur Zeit der „negativen" Ascheserie; Abb. V2 b: Eozäner Vulkanismus in der Nordatlantischen Vulkanprovinz zur Zeit der „positiven" Ascheserie. Im Eozän lag Grönland viel näher an Europa als heute. Island existierte noch nicht. Große Teile des Limfjordgebiets waren vom Meer bedeckt. Die Verteilung von Land und Meer war vermutlich anders als auf den Karten dargestellt, es sind jedoch zur besseren Orientierung die heutigen Umrisse der Landgebiete skizzenhaft eingezeichnet (Karten nach Larsen/Zetterwall in Holm et al. 2007).

Abb. V3: *Typischer Strandstein von den Molerküsten des Limfjords: Zementstein mit dunklen Aschelagen. Mit der Lupe kann man die winzigen, oft sphäroiden Partikel aus vulkanischem Glas erkennen. Die größeren, schwereren Partikel liegen unten, die leichteren, kleineren oben. B 11,5 cm.*

musste, der mit dem Auseinanderdriften der eurasischen und der nordamerikanischen Kontinentalplatten im Zusammenhang stand.

2003 gelang ein weiterer Durchbruch bei der Suche nach den geheimnisvollen Vulkanen. Die dänische Wissenschaftlerin Lotte Melchior Larsen führte geochemische Analysen an vulkanischen Ablagerungen von möglichen Herkunftsorten durch und verglich diese mit besonders auffälligen Aschelagen im Moler. Dadurch konnte die Herkunft der Aschen und die Lage der Vulkane zum Teil geklärt werden (Abb. V2 a und V2 b). Die vulkanische Aktivität verlief aus heutiger Sicht in vier Stadien:

Stadium 1 wird von den Aschelagen -39 bis -22 repräsentiert. Einige von ihnen haben eine basaltische, andere eine rhyolitische Zusammensetzung. Die Eruptionszentren lagen überwiegend auf dem nordwesteuropäischen Kontinentalsockel. Die Ascheschicht -33 ist besonders gut kenntlich: Sie ist weiß, 10 Zentimeter mächtig und bildet die Grenze zwischen dem (älteren) Stolleklint-Ton und dem (jüngeren) Moler. Die chemische Zusammensetzung dieser Schicht stimmt überein mit einer granitischen Intrusion von Lundy, einer Insel vor der südwestenglischen Küste. Hier also lag der Vulkan, der für „-33" verantwortlich war.

Stadium 2 umfasst die Ascheschichten -21 bis -15. Diese weisen unterschiedliche chemische Zusammensetzungen auf. Einige sind stark SiO_2-haltig (trachytisch oder sogar dacitisch). Zumindest ein Teil der Aschen stammt von Ostgrönland. Die Aschelage -17 hebt sich von den anderen ab. Sie ist etwa 4 Zentimeter dick, hellgrau und verwittert orangegelb. Sie hat eine rhyolitische, „saure" Zusammensetzung. Diese Asche stammt vom Gardiner-Komplex, einem ehemaligen Vulkangebiet in Ostgrönland.

Stadium 3 beinhaltet die Aschelagen -13 bis -10 (nach Pedersen et al. 2011 bis -11). Diese Aschelagen sind basaltisch und deuten darauf hin, dass jetzt die eigentliche Riftphase begann: Nun brachen die Kontinentalplatten von Eurasien und Nordamerika/Grönland auseinander und es entstand der Mittelatlantische Rücken.

Stadium 4 umfasst die Aschelagen +1 bis +140. Sie haben überwiegend eine basaltische Zusammensetzung mit Ausnahme der Schichten +13 und +19. Die Basaltaschen repräsentieren viele größere Ausbrüche auf dem Meeresboden des jungen Atlantiks in einem riesigen Vulkansystem. Die Entstehung bzw. „Öffnung" des Atlantiks war nun in vollem Gang. Wo die Platten auseinander drifteten, bildete sich entlang des mittelozeanischen Rückens neuer Meeresboden. Die Aschelage +19 ist die am leichtesten erkennbare Schicht der Fur-Formation. Sie ist fast 20 Zentimeter mächtig und hellgrau. „Nummer +19" wurde sogar in Österreich lokalisiert. Ihre Quelle ist nicht bekannt; der entsprechende Vulkan wird auf dem Meeresgrund nordöstlich der Färöer vermutet. Er muss riesige Mengen an Auswurfsmaterial in die Atmosphäre geblasen haben, etwa in der Größenordnung von 2.000 Kubikkilometern (!).

Der Atlantik „wächst" heute immer noch. Jedes Jahr weichen Europa und Nordamerika um durchschnittlich 2,5 Zentimeter weiter auseinander. Aus der einst schmalen Meeresstraße des Eozäns ist inzwischen ein riesiger Ozean geworden.

Abb. V4: *An diesem Aufschluß an der Nordküste von Fur kann man erkennen, dass die älteren Molerlagen dunkel gefärbt sind (rechte Bildhälfte). Die Ascheschicht -17 (Bildmitte) ist hellgrau und verwittert orangegelb. Links sieht man jüngere, heller gefärbte Molerschichten mit ungestörter Laminierung.*

Abb. 9.6: Helle Ascheschichten sind chemisch anders zusammengesetzt als dunkle. Sie entstanden meist bei quarzreichen, rhyolitischen oder dacitischen Eruptionen, die dunklen bei basaltischen. Hier sieht man eine hellgraue Ascheschicht (Bildmitte) und mehrere dunkle an der Nordküste von Fur. Die Schichtung der eozänen Sedimente ist stark gestört, wohl überwiegend infolge des Gletscherdrucks während der Eiszeit.

und Schlangensternen. Sogar eine vollständig erhaltene Meeresschildkröte ist zu sehen, die den Namen „Luffe" trägt. Die Fischfunde im Moler ermöglichten es, den Stammbaum der Fische im Paläogen tiefgehend zu erforschen. Vertreter der Tarpune und Knochenzüngler waren im Molermeer nicht selten. Beide Fischgruppen sind sehr urtümlich. Von den Tarpunen, deren frühe Vertreter schon im Oberen Mesozoikum nachgewiesen sind, leben heute noch zwei Arten, vorwiegend marin. Von den Knochenzünglern gibt es ebenfalls noch rezente Vertreter, die sich durch große Schuppen auszeichnen.

Doch nicht nur Meereslebewesen blieben fossil erhalten, sondern auch zahlreiche Reste von Vögeln. So fand man beispielsweise Vorfahren der Hühnervögel, einen Kranichverwandten und frühe Watvögel. Auch mehrere Federn wurden aus dem Moler geborgen. Von besonderem Interesse sind die vielen Insektenfossilien im Moler. Das bemerkenswerte Gestein erlaubt sogar die Erhaltung der zarten Insektenflü-

Abb. 9.7: Ein großer Anteil des Molers besteht aus winzigen Kieselalgen (Diatomeen). Diese besitzen eine Schale aus Skelettopal. Unter der Lupe sehen sie aus wie kleine gläserne Linsen (Durchmesser bis ca. 1 mm). Schlägt man Zementsteine auf, brechen sie oft aus dem Gestein und hinterlassen kleine rundliche Hohlräume.

Abb. 9.8 a bis c: Gehäuse von Kieselalgen (Diatomeen) aus dem Moler unter dem Mikroskop. Im Skelettopal der Diatomeen kommt es zu Interferenzerscheinungen und Brechungen des Lichts. Manche der fossilen Diatomeen des Limfjords opalisieren! Fotos: H. Akkerman.

Abb. 9.9: *Die verkieselten Lagen in Moler und Stolleklint-Ton widerstehen der Erosion stärker als der unverkieselte Ton. FO Wasserlinie am Knudeklint, Fur.*

Abb. 9.10: *Der dunkle, verkieselte Schiefer aus dem Stolleklint-Ton und den älteren Schichten des Molers der Fur-Formation bricht splittrig. FO Knudeklint, Fur.*

gel. Man fand u.a. Libellen, Ameisen, Schaben, Wanzen, Zikaden, Käfer, Wasserläufer, Blattläuse, Florfliegen, Schnaken und Schmetterlinge. Bei manchen Insektenfossilien und fossilen Vögeln blieben Reste von Pigmenten erhalten, sodass sogar Rückschlüsse auf ihre Färbung möglich sind. An manchen Insekten konnte man die Linsen der Facettenaugen untersuchen.

Die Menge der Insekten- und Vogelfossilien im Stolleklint-Ton und im Moler weist darauf hin, dass sich Land in der Nähe des damaligen Meeres befand.

Abb. 9.12: *Im Moler, besonders aber im Stolleklint-Ton, befindet sich fein verteiltes Schwefeleisen. Dieses oxidiert durch Luftsauerstoff und Feuchtigkeit. Eisenverbindungen werden durch Regenwasser gelöst, durch sie bilden sich diese hübschen „Rostringe" (Liesegang'sche Ringe) im Moler der Insel Fur. Sie bestehen aus Eisenoxiden und -hydroxiden.*

Abb. 9.11: *Am Stolleklint auf Fur ist der dunkle Stolleklint-Ton idealtypisch aufgeschlossen. Auf ihm lagert Moler (links oben).*

Buchtipp: Einen guten Überblick über die Vielfalt der Fossilien im Moler und Stolleklint-Ton ermöglicht das Buch „Danekræ – Danmarks bedste fossiler" (s. Literaturanhang). Hier wird eine Auswahl der bedeutendsten Fossilfunde Dänemarks gezeigt, darunter auch und vor allem Fossilien aus den Molergebieten des Limfjords.

Dies wird auch durch die vielen Pflanzenfossilien im Moler bestätigt. Da es sich bei vielen der Fossilien um landlebende oder landgebundene Lebewesen handelt, ist ihre Vielfalt in diesem Meeressediment erstaunlich. Daran waren mit Sicherheit besondere Meeresströmungen beteiligt. Dänische Wissenschaftler vermuten, dass das Meer, welches das Limfjordgebiet im Frühen Eozän bedeckte, mehr als 100 Meter tief war. Heutige Verwandte einiger der im Stolleklint-Ton und im Moler gefundenen Fische leben in Wassertiefen von bis zu 300 bis 500 Metern, sodass eine Tiefe von mehreren hundert Metern nicht unwahrscheinlich ist. Weiterhin wird vermutet, dass es im früheozänen Meer eine vom Wind verursachte Oberflächenströmung ungefähr von Norden nach Süden gab (Bonde in Pedersen et al. 2011). Das Wasser war warm und durch den Zufluss von Süßwasser (Flüsse, Niederschläge) relativ wenig salzhaltig. Der Rückstrom von Süden nach Norden geschah vermutlich in mittleren Wassertiefen. Am Grund dieses Meeres gab es hingegen wahrscheinlich kaltes, salzhaltiges, sauerstoffarmes Wasser (die Dichte des Wassers ist bei 4 °C am höchsten, ein hoher Salzgehalt erhöht die Dichte zusätzlich). Abgestorbene und zu Boden gesunkene Meeresorganismen bildeten einen lebensfeindlichen Faulschlamm. Ein Wasseraustausch mit dem Oberflächenwasser wurde durch die unterschiedliche Temperatur, Salinität und Dichte erschwert. Dies gilt v. a. für die Zeit der Bildung der Stolleklint- und Fur-Formationen. In den jüngeren Moler-Schichten der Silstrup-Formation zeigt der Moler zunehmende Bioturbation, was darauf hindeutet, dass das Moler-Meer Zustrom von anderen Meeresbereichen erhielt und das Wasser in Bodennähe sauerstoffhaltiger wurde und ein Bodenleben zuließ.

Das Wasser im Moler-Meer reicherte sich auf seinem Rückweg von Süden nach Norden in den mittleren Wassertiefen mit Nährstoffen an. Im Norden des Moler-Meeres stieg das nun nährstoffreiche Wasser an die Oberfläche („Upwelling"). Dies waren ideale Voraussetzungen für das Wachstum von Diatomeen (und von anderen Meeresorganismen, denn Kieselalgen bilden eine Basis der marinen Nahrungskette). Die Diatomeen sanken nach ihrem Absterben in die Tiefe und bildeten, zusammen mit Tonpartikeln und Vulkanaschen, den späteren Moler.

In manchen Zementstein-Horizonten gibt es viel fossiles Holz. Im Molermuseum von Mors befinden sich verkieselte Baumstämme von bis zu über neun Metern Länge. Im Holz kann man häufig noch das Gefäßsystem erkennen. Zweige von sumpfzypressenartigen Nadelbäumen (*Sequoia* sp.) und Araukarien wurden gefunden, ebenso Blätter von Laubbäumen, etwa von Verwandten der heutigen Eichen, Platanen, Hasel- und Walnussbäume, von *Cercidiphyllum* (Katsurabaum) oder von *Macclintockia kanei*, einem Baum mit derben, spitz zulaufenden Blättern und deutlichen Blattadern. Bei manchen fossilen Blättern sind sogar die Spaltöffnungen erkennbar. Auch Ginkgo-Reste kommen im Moler vor. Weiterhin entdeckte man mehrere Arten von Früchten, darunter Koniferenzapfen, Nüsse und die Frucht eines Ahorn-Verwandten (*Deviacer* sp.). Ein besonderes Highlight

Abb. 9.13: Insektenflügel im Zementstein. L 0,6 cm, FO Skarrehage/ Mors.

Abb. 9.14: Rest einer Wanze. Die Flügeldecken sind so gut erhalten, dass man feine Gruben darin erkennen kann. L 1,8 cm, FO Ejerslev/ Mors, Slg. Paulsen.

Abb. 9.15: Diese Wühlspuren entstanden durch die Aktivität von Tieren, die am Grund des Moler-Meers lebten. Anstehendes, Nordwestküste von Fur.

unter den Funden am Limfjord ist eine zarte eozäne Blüte mit erhaltenen Staubgefäßen. Die Flora und die Fauna des Molers zeigen, dass im Frühen Eozän im Limfjordgebiet ein subtropisches oder tropisches Klima herrschte. Vermutlich war das Land in der Nähe des Molermeers von Wäldern oder sogar Regenwäldern bedeckt. Ein Standort der eozänen Wälder wird u. a. in Südnorwegen vermutet.

Im etwas älteren Stolleklint-Ton hingegen wurden hauptsächlich Holz, Fische, Krebstiere und Insekten gefunden. Die oft fein laminierten, nahezu ungestörten Schichten, der hohe Gehalt an Schwefeleisen und die Fossilien im Stolleklint-Ton sind Indizien dafür, dass das Klima zu dieser Zeit sehr warm war. Wissenschaftler sprechen sogar von einer globalen „Hitzewelle" in den ersten 100.000 bis 200.000 Jahren des Eozäns. Die durchschnittliche globale Temperatur lag 5 bis 8 °C höher als heute (Pedersen et al. 2011).

Das Geheimnis der Riesenkristalle

In bestimmten Schichten der positiven Ascheserien befinden sich Gruppen riesiger, bräunlicher Kristalle. Sie erreichen Längen von mehreren Dezimetern, ein besonders großes Exemplar ist sogar gut 1,5 (!) Meter lang. Die Riesenkristalle stecken oft in Zementstein-Konkretionen (**Abb. R1**). Schöne Exemplare kann man beispielsweise im Moler-Museum in Skarrehage auf Mors bewundern.

Die Kristalle bestehen aus sehr grobem Calcit. Ursprünglich jedoch, so wird vermutet, handelte es sich um Ikait, eine besondere Modifikation des Calciumcarbonats ($CaCO_3$ x 6 H_2O), die typischerweise bei Temperaturen zwischen 1 und 5 °C gebildet wird. Ikait ist nur bei Temperaturen unter 6 bis 8 °C stabil. Das Mineral ist deshalb quasi ein „natürliches Thermometer". Es wurde 1963 von dem dänischen Geologen Hans Pauly nach dem Ikka-Fjord auf Grönland benannt. Dort wachsen bis zu mehrere Meter hohe, bizarre Säulen vom Meeresboden in die Höhe, die überwiegend aus Ikait bestehen. Ihre Bildung basiert auf Seeps (kalten Quellen) mit alkalischem, karbonat- und phosphathaltigem Wasser, das aus dem Meeresgrund austritt. Ikait-Kristalle wurden auch in anderen kalten Meeren gefunden, beispielsweise in der Antarktis und im Ochotskischen Meer in Sibirien.

Die Ikait-Riesenkristalle vom Limfjord wandelten sich später in Calcit um. Die Kristalle sind also „nur" Pseudomorphosen von Calcit nach Ikait. Diese

Abb. R1: Zementstein mit eingeschlossenem Riesenkristall, Insel Fur.

Pseudomorphosen nennt man auch Glendonit. Das Verwirrende an den Ikait-Kristallen ist die Frage, wie sie sich in den tropischen oder subtropischen Eozän-Meeren bilden konnten. Die Voraussetzung für ihre Bildung ist im Normalfall eine recht kühle Temperatur. Vielleicht bietet ein besonders heftiger Vulkanismus in der nordatlantischen Vulkanprovinz eine Erklärung. Wenn das feinere Auswurfsmaterial sich durch die Luftströmungen in der Atmosphäre verteilt, schirmt es für eine gewisse Zeit das Sonnenlicht ab und sorgt für eine Abkühlung. Möglicherweise geschah dies im Eozän über kürzere Zeiträume, vielleicht einige Jahrhunderte (Schultz et al. in Lindow & Krüger 2011). Nach einem anderen Modell gab es im Moler-Meer ein Niveau mit kaltem, stagnierenden Bodenwasser, in dem die Bildung der Ikait-Kristalle möglich war (Pedersen et al. 2011).

Sogar am Nordpol soll damals ein subtropisches Klima geherrscht haben (Heilmann-Clausen & Surlyk in Sand-Jensen 2006). Die Ursachen liegen vermutlich im starken Vulkanismus dieser Zeit, der riesige Mengen des Treibhausgases CO_2 in die Atmosphäre blies. Die darauf folgende Erwärmung der Meere könnte wiederum eine Freisetzung von Methan aus Methanhydrat am Meeresboden bewirkt haben. Da Methan ebenfalls ein potentes Treibhausgas ist, führte dies zu einer Verstärkung der globalen Erwärmung. Der damalige Vorläufer der Nordsee war ein kleines Meer mit wenig Wasseraustausch. Der Stolleklint-Ton entwickelte sich wahrscheinlich als ein zumindest zeitweise sauerstoffarmer, lebensfeindlicher Faulschlamm am Meeresboden.

Auch in vielen Moler-Schichten findet sich eine ungestörte Laminierung (Abb. 9.36), was auf wenig Leben auf und im Meeresboden schließen lässt. In einigen Schichten erkennt man jedoch eine deutliche Bioturbation, die auf eine zeitweilig bessere Sauerstoffversorgung hindeutet (Abb. 9.15). In diesem Milieu konnten beispielsweise Schlangensterne und bestimmte Muscheln überleben. In den von Bodenlebewesen durchwühlten Schichten sind Makrofossilien in Körpererhaltung eher selten.

Auf der Insel Fur kommen neben dem Stolleklint-Ton und dem Moler weitere paläogene Tone vor (Abb. 9.34 und 9.35).

Um Molerfossilien zu finden, hat man eine große Auswahl an Aufschlüssen (s. Karte S. 52). Die meisten liegen an den Stränden und sind deshalb gut zugänglich. Allerdings muss man beachten, dass schmale Strände bei starkem Wind überspült werden und nicht passierbar sind. Auch Kliffrutschungen oder -abbrüche können den Weg blockieren. Da stets neue Abbrüche möglich sind, sollte man sich nicht direkt unterhalb von Steilwänden aufhalten; dies gilt besonders nach Stürmen, bei Tauwetter oder nach Regen. Wenn man in aktiven Molergruben sammeln will, muss man die Werksleitung oder die Angestellten um Erlaubnis fragen. Am Molermuseum von Mors/Skarrehage liegen aufgelassene Gruben. Hier darf man im Rahmen eines Museumsbesuchs nach Fossilien suchen. Die Erwartungen sollten jedoch nicht zu hoch sein. Außergewöhnliche Funde sind doch recht selten. Selbst für den Fund eines einigermaßen gut erhaltenen kleinen Fischs benötigt man viel Geduld und Zeit. Am häufigsten findet man kleine, mit den Lachsen verwandte Fischchen aus der Gruppe der Argentinoiden (Goldlachs, dänisch „guldlaks“).

Moler – ein bemerkenswerter Rohstoff

Der Moler des Limfjordgebiets wird zurzeit von zwei Firmen in mehreren aktiven Gruben abgebaut und industriell weiterverarbeitet. Das Gestein ist sehr leicht und porös. Es wirkt isolierend und kann das 70- bis 200-fache seines Eigengewichts an Flüssigkeiten aufsaugen. Zudem ist es hitzeresistent. Aus Moler werden u. a. hergestellt:

- Isolierende Mauersteine für Gebäude und Hochtemperaturöfen
- Flüssigkeitsabsorbierende Granulate für die chemische Industrie und die Ölindustrie
- Katzenstreu (kompostierbar)
- Trägerstoffe für Flüssigkeiten in der chemischen Industrie und der Lebensmittelindustrie
- Granulate für den Gartenbau, insbesondere für Hydrokulturen
- Bodenverbesserer (für eine bessere Dränierung, z. B. auf Golfplätzen)
- Füllstoff für Bremsbeläge an Autos
- Brandhemmer
- Spezialzement
- Filtermaterial, um Wasser und Luft zu reinigen
- Füllstoff in Farben
- Brandhemmende Platten
- Absorptionsmittel in der Sprengstoffherstellung
- Streumittel bei Glätte

In früheren Zeiten war der Abbau natürlicher Rohstoffe eine von der Öffentlichkeit wenig kommentierte Angelegenheit und wurde eher positiv gesehen, denn er führte in der Regel zu wirtschaftlichem Wohlstand in der Bevölkerung. Wenn aber große Gruben oder Steinbrüche über viele Jahrzehnte betrieben werden, zeigen sich irgendwann die negativen Folgen. Naturlandschaften werden zerstört, die Vorkommen sind irgendwann erschöpft. Die Molergewinnung in Dänemark bewegt sich auf dem schmalen Grat zwischen Ökonomie und Erhaltung der Natur. Wie ein dänischer Autor einmal zugespitzt bemerkte: „Wem kann man schon beibringen, die schönen Hügel wegzugraben, nur um aus ihnen Katzenstreu herzustellen“. Auch als Fossiliensammler sollte man mit dem nötigen Respekt vor der Natur vorgehen.

Abb. 9.16: Macclintockia, Teil eines Blattes. Die Blätter dieses Baumes waren recht derb und besaßen eine auffällige Nervatur. L 12 cm, FO Limfjordgebiet, Slg. Paulsen.

Abb. 9.17: Dieses ca. 50 cm lange fossile Holzstück wurde soeben aus dem Strandsand gezogen. FO Fur (ohne Bergung).

Abb. 9.18: Bei den eozänen fossilisierten verkieselten Holzresten des Limfjords kann man oft noch Feinstrukturen erkennen. L 23,5 cm, FO südwestlicher Limfjord.

Abb. 9.19: Diese Holzreste blieben als kohleartige, schwarze Substan im eozänen Gestein erhalten. B 25,5 cm, FO Fur.

Abb. 9.20: Spurenfossil Teredolites in fossilem Holz. Die Vorfahren oder Verwandten des rezenten Schiffsbohrwurms Teredo navalis waren Muscheln, die sich mit ihren zu „Raspelwerkzeugen" umgebildeten Schalen in das Holz bohren konnten. Sie ernährten sich vermutlich wie Teredo von der Cellulose des Holzes, das sie mit speziellen Enzymen verdauen konnten. Die Gänge sind in diesem Fundstück teilweise verkieselt. Durchmesser der Gänge 5 bis 6 mm, FO Fur.

Abb. 9.21: Fossiler Fisch im Zementstein. Fische zählen zu den häufigeren Fossilien im Stolleklint-Ton und im Moler. L des Fossils 9,5 cm, FO Ejerslev.

Abb. 9.22: Fisch im Zementstein. Fossilien, die im harten Zementstein gefunden werden, sind gut erhaltungsfähig und recht unempfindlich. Im weichen Moler hingegen zerbröckeln sie leicht. L des Fossils 8 cm, FO Limfjordgebiet, Slg. Paulsen.

Abb. 9.23: Ansammlung von sehr kleinen Fischknochen in einem Zementstein. Links erken man ein Stück Wirbelsäule, oben zahlreiche winzige Wirbelknochen. B der Ansammlung c 3 cm, FO Skærbæk.

Abb. 9.24: Holzrest und winziger Schädel, möglicherweise der eines Schnepfenfischs. L ca. 1,2 mm, FO Mors, leg. Dr. A. Popp.

Abb. 9.25: Teil der Wirbelsäule (im Bild rechts), Gräten und Schuppen eines kleinen Fischs im Moler. B 9 cm, FO Fur.

Abb. 9.26: Teil der Wirbelsäule eines Fischs. L des Fossils 5,5 cm, FO Mors.

Abb. 9.27: Isolierte Fischschuppen findet man recht häufig im Moler. Diese Schuppe stammt von einem Knochenzüngler. B 1,2 cm, FO Ertebølle.

Abb. 9.28: Schuppenrest eines Knochenfischs, vermutlich eines Tarpuns. B 1,5 cm, FO Skarrehage/Mors.

Abb. 9.29: Dunkle, glänzende Fischschuppe mit konzentrischer Streifung. B 0,5 cm, FO Fur.

Abb. 9.30: Abdruck eines Schlangensterns im Moler. B ca. 2 cm, FO Fur.

Abb. 9.31: Schlangenstern *Ophiura furiae* im Zementstein. Im Molermuseum von Skarrehage/Mors werden wunderschöne Platten ausgestellt, auf denen mehrere Schlangensterne erhalten blieben. B ca. 3,1 cm, FO Limfjordgebiet, Slg. Paulsen.

Abb. 9.32: Muschel in Schalenerhaltung. Obwohl der Moler eine Meeresablagerung ist, sind Muschelfossilien darin verhältnismäßig rar, da ein Bodenleben nur selten möglich war. B 1 cm, FO Fur.

Abb. 9.33: Im Moler findet man Schichthorizonte, die aus Tausenden von Steinkernen winziger Flügelschnecken bestehen (*Heliconoides mercinensis*, syn. *Spiratella mercinensis*). Diese Schnecken krochen nicht auf dem Meeresboden umher, sondern konnten schwimmen. Die Gehäuse rezenter Flügelschnecken sind sehr zart, ihre Köpfe zu Schwimmlappen verbreitert. Sie leben in großen Schwärmen und ernähren sich von Plankton (Filtrierer). Durchmesser der Schnecken 2 bis 3 mm, FO Fur.

Abb. 9.34: Konkretion mit *Zoophycos*, der Lebensspur eines unbekannten Tieres. Die Konkretion entstand in einem der paläozänen oder eozänen Tone der Nordküste von Fur. Oberhalb des Molers liegen auf Fur Sedimente des eozänen Røsnæs-Tons. Nach Stürmen werden auch manchmal paläozäne Tone (Holmehus-Ton und Østerrende-Ton) freigelegt, die älter sind als der Stolleklint-Ton. Ihre Vorkommen liegen westlich des Stolleklints. Besonders häufig ist *Zoophycos* im Holmehus-Ton. B 11 cm, FO Fur.

Abb. 9.35: Paläogene Tone rutschten nach einem Sturm aus den Kliffs an der Nordwestküste von Fur. Bei dem grünen Ton handelt es sich vermutlich um paläozänen Holmehus-Ton.

Abb. 9.36: Fein laminierte Schichtungen im Stolleklint-Ton und im Moler sind ein Hinweis darauf, dass am damaligen Meeresboden Sauerstoffmangel herrschte, denn sonst wäre das Sediment von Lebewesen durchwühlt und die Schichtung zerstört worden. Im früheozänen Meer wechselten sich längere sauerstoffarme Phasen mit kürzeren sauerstoffreicheren ab. Erst gegen Ende der „Moler-Zeit" änderten sich die Wasserströmungen, sodass Sauerstoff insgesamt in längeren Phasen zur Verfügung stand. Anstehendes, FO Fur.

Abb. 10.1 Glimmertonscholle im Kliff nördlich von Lyby Strand, Halbinsel Salling.

10. „Krabbeboller" und Pelikanfuß: Das Oligozän am Limfjord

Am Limfjord sind an vielen Stellen oligozäne Glimmertone aufgeschlossen (Abb. 10.1). Die Tone und die darin gebildeten Konkretionen enthalten interessante Fossilien, darunter große vollständige Krabben und schöne Schnecken.

Im Oligozän war das Klima deutlich kühler als im Unteren Eozän. Ursachen dafür waren eine geringere vulkanische Aktivität mit deutlicher Abnahme der Treibhausgase in der Atmosphäre und veränderte Strömungsverhältnisse in den Meeren. An den Polen hatten sich wieder Eiskappen gebildet. Der Meeresspiegel lag dadurch tiefer als im Eozän.

Im Oligozän entstanden im Gebiet Dänemarks verschiedene Tone. Eine Übersicht gibt der Kasten auf Seite 66. Bei einigen handelt es sich um dunkle Glimmertone (Abb. 10.1, 10.12). Sie wurden marin abgelagert. Die Glimmerschüppchen stammen aus verwitterten Gesteinen der skandinavischen Gebirge. Sieht man sich die Glimmertone im hellen Licht genauer an, erkennt man deutlich das Glitzern des Glimmers.

Die bekanntesten Fundorte für oligozänen Glimmerton sind Lyby Strand, Østergrønning und Mogenstrup sowie Sesterodde auf Salling (südwestliches Limfjordgebiet). Dort wurden zahlreiche spektakuläre Funde gemacht. In den niedrigen Küstenkliffs finden sich Aufschlüsse mit schwarzem Glimmerton der oberoligozänen Brejning-Formation. Besonders nach Stürmen und Hochwasser im Winterhalbjahr kann man dort auf die Suche nach kugeligen Konkretionen gehen, die im Uferschlamm liegen. Diese sehen oft aus wie mehr oder weniger große Kanonenkugeln; oft findet man auch hantelförmige „Doppelkugeln" (Abb. 10.2, 10.3). Schlägt man diese sogenannten „Lyby-Kugeln" auf, zeigen sich darin oft bemerkenswerte Fossilien (Abb. 10.5, 10.7 bis 10.11, 10.13 bis 10.17). Am häufigsten sind Muscheln und Schnecken, darunter Kammmuscheln, die schöne dickschalige Helmschnecke *Phalium rondeleti* (syn. *Semicassis rondeleti, Cassis rondeleti*) und die Pelikanfußschnecke *Drepanocheilus speciosus*. „Krabbeboller" heißen die Konkretionen, in denen man fast vollständig erhaltene Krabben findet; sogar anhaftende Beine und Scheren sind vorhanden (Abb. 10.8 und 10.9). Seltenere Funde sind Reste von fossilen Hummern und Fangschreckenkrebsen. Die Präparation der Krebstiere ist jedoch schwierig und gelingt in der Regel nur Fachleuten. Unter anderem müssen die Konkretionen aufgesägt, die filigranen Teile einzeln freigelegt und die präparierten Stücke wieder geschickt zusammengeklebt werden. Über ihre besonderen Funde in Lyby und Umgebung sowie die anschließenden Mühen der Präparation berichten Cordes & Dettmers in ihrem sehr lesenswerten Buch „Lyby-Strand-Fossilien" (s. Literaturanhang). In den Glimmertonen von Salling

Oligozäne Tone in Dänemark

(zusammengestellt nach Gravesen (2018))

Das Oligozän begann vor ca. 34 Millionen Jahren und endete vor ca. 23 Millionen Jahren. Es wird eingeteilt in das Unteroligozän (Rupelium) und das Oberoligozän (Chattium).

Viborg-Ton (Viborg-Formation, benannt nach der Stadt Viborg): Dieser Ton wurde im Unteroligozän abgelagert. Es ist ein dunkler Glimmerton, der auch Silt- und Sandlagen enthält. Die Glimmerschüppchen bestehen v. a. aus Muskovit und stammen aus verwitterten Gesteinen der skandinavischen Grundgebirge.

Hvorslev-Ton: Dieser besteht aus einer dünnen Lage Grünsand-Ton, die reich an Foraminiferen ist. Er ist nur an wenigen Stellen Jütlands aufgeschlossen.

Skive-Ton (benannt nach der Stadt Skive am südlichen Limfjord): Der Ton gehört zum Unteren Oberoligozän (früher wurde er zum Mitteloligozän gerechnet). Skive-Ton ist ein grüngrauer, recht fetter Ton mit teils metergroßen Konkretionen von Toneisenstein. Die Konkretionen sind oft gerissen, die Risse mit Kalk ausgefüllt (Septarien). Der Skive-Ton wurde daher früher auch Septarien-Ton genannt. Er enthält Fossilien, z. B. die Pelikanfußschnecke *Drepanocheilus speciosus*.

Branden-Ton (benannt nach dem Ort Branden südlich der Insel Fur): Dieser Ton ist gleichaltrig mit dem Skive-Ton. Es ist ein grauer Ton mit wahrscheinlich geringer Verbreitung. Die Tongrube Branden (nicht mehr aktiv) lieferte früher viele Fossilien, darunter Schnecken und Muscheln sowie die ältesten in Dänemark gefundenen Reste von Walen (*Eosqualodon*).

Brejning-Formation (benannt nach dem Ort Brejning am Vejle-Fjord): wurde im Oberoligozän abgelagert, im Gebiet von Jütland und Fünen. Die Ablagerungen bestehen u. a. aus dunkelbraunem bis schwarzem Ton mit viel Glaukonit und Glimmer. Der Brejning-Ton enthält teils kalkhaltige Konkretionen, teils Konkretionen aus Phosphorit und Toneisenstein. Im Ton wurden viele interessante Fossilien gefunden, darunter lose Mollusken (Abb. 10.4) und natürlich die berühmten „Lyby-Kugeln" (s. u.).

wurden außerdem Haireste (Zähne, Wirbel) und Knochen von frühen Walen gefunden. Auch findet man pyritisiertes Holz.

Zu den ungewöhnlichsten Entdeckungen in den Lyby-Kugeln gehören sicherlich die Reste von Seefedern (Pennatularien, s. Abb. 10.11). Diese zählen zu den Oktokorallen und leben am Meeresboden. Ihre Kolonien ähneln entfernt einer Feder, mit einer senkrechten Hauptachse und kleinen seitlichen „Ästchen". Seefedern tragen auf ihrer Oberfläche zahlreiche Polypen, die sich von Plankton ernähren, welches sie mit ihren Tentakeln erbeuten.

Weitere Stellen, an denen oligozäner Glimmerton zutage tritt, finden sich auf der Insel Mors am Strand von Skærbæk. Auch am Strand zwischen Thisted und Vildsund auf Thy wird man fündig. Leider ist dieser letztere Fundort zu manchen Zeiten nicht oder nur schlecht erreichbar, da Teile der Kliffs regelmäßig abrutschen und dichtes Gestrüpp sowie herabgestürzte Bäume den Strand blockieren. Einen landschaftlich besonders schönen Fundort für oligozänen Glimmerton bietet der Nordseestrand südlich des Leuchtturms Lodbjerg Fyr. Die Steilküste hier besteht aus verschiedenen Ablagerungen, besonders aus Till, Schmelzwassersand, Flugsand und Torf. An einer Stelle befindet sich eine „Nase" schwarzen Glimmertons, die sich schon allein durch ihre dunkle Farbe von den übrigen Sedimenten abhebt. Da sie erosionsbeständiger ist als andere Schichten, ragt sie aus dem Kliff hervor. Im Glimmerton befinden sich nach Beobachtung der Autorin (Stand 2017 und 2018) leider nur sehr kleine Konkretionen.

Teils oligozäne, teils schon miozäne Ton(eisen)-steine mit interessanten Fossilien werden unter der Bezeichnung „Skyum-Blöcke" zusammengefasst. Man findet sie nach Gravesen (2018) besonders auf Thy zwischen Skyum und Vildsund oder auf der Insel Jegindø. Diese Geschiebe sind grau, bestehen aus Kalksandstein und enthalten v. a. Muscheln und Schnecken (Abb. 10.6).

Oligözäne Konkretionen findet man nicht nur im Anstehenden, sondern auch als (Nah-)Geschiebe. Mit Glück zeigen sich in ihnen schöne Schnecken und Muscheln. Mit sehr viel Glück sind auch Haizähne oder Walknochen darin. Örtlich kommen Geschiebe von Tongeoden vor, die etwas jünger sind und aus dem Miozän stammen. Da sowohl deren Aussehen als auch deren Fauna ähnlich ist, fällt eine Unterscheidung oft schwer. Miozäne Gesteine/Geschiebe finden sich besonders häufig im Gebiet von Hvide Sande; dieser Ort liegt weiter südlich an der Nordseeküste von Mitteljütland (Bilz 2007).

Abb. 10.2: Aus den Glimmertonen der Halbinsel Salling werden bei Stürmen und Hochwasser kugelige Konkretionen aus den schwarzen oberoligozänen Glimmertonen gespült. Sie sind unter Fossiliensammlern sehr begehrt. Im nassen Zustand sind sie schwarz, getrocknet hingegen hellgrau.

Abb. 10.3: Hantelförmige „Zwillingskugeln" sind in den Glimmertonen nicht selten.

Abb. 10.4: Einige stattliche Helmschnecken (Phalium rondeleti) aus den Glimmertonen der Halbinsel Salling. Diese Helmschnecken besitzen sehr massive Schalen und sind deshalb gut erhaltungsfähig. L bis 5,5 cm, Slg. Paulsen.

Abb. 10.5: Konkretion mit Resten von mehreren Pelikanfußschnecken (Drepanocheilus (Arrhoges) speciosus) und unbestimmter Helmschnecke. L der Helmschnecke 4,3 cm, FO Küste von Salling, Slg. Paulsen.

Abb. 10.6: Abgerolltes Oligozän- oder Miozän-Geschiebe mit Molluskenresten. B 8,5 cm, südwestlicher Limfjord.

Abb. 10.7: Die große Ochsenherz-Muschel Glossus subtransversus besitzt einen eingerollten Wirbel. B 4,5 cm, FO Grønning, Slg. Paulsen.

Abb. 10.8: „Krabbeboller" mit der Krabbe Coeloma. Beine und Scheren sind bei den Krebstieren häufig noch vorhanden, was bedeutet, dass eine rasche Einbettung in das Sediment stattfand. B 17 cm, FO Lyby Strand, Slg. Paulsen.

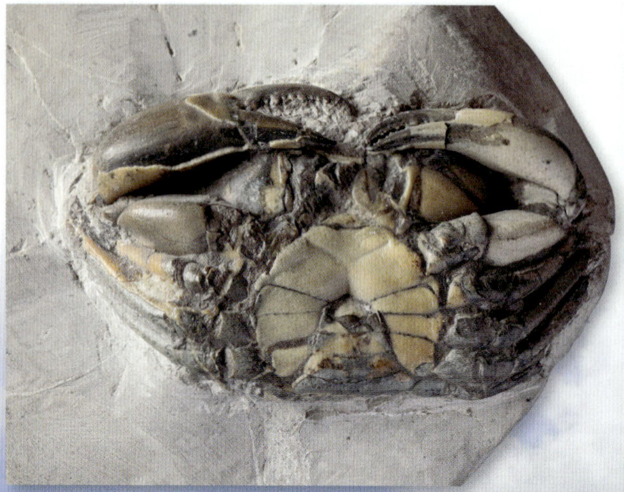

Abb. 10.9: Oligozän-Krabbe Coeloma von unten. Bei Krabben ist der hintere Teil des Panzers unter den Körper gebogen. B der Krabbe ca. 6,5 cm, FO Østergrønning, Slg. Paulsen.

Abb. 10.10: „Bandscheibe" aus der Wirbelsäule eines Hais. Durchmesser des Fossils ca. 7 bis 8 cm, FO Halbinsel Salling, Slg. Paulsen.

Abb. 10.11: Achse einer Seefeder (Graphularia sp.). Oligozän-Konkretion von Østergrønning, L des Fossils 10 cm, Slg. Paulsen.

Abb. 10.13 Oligozän-Geschiebe mit verschiedenen Schnecken. B ca. 12 cm, FO südwestlicher Limfjord, leg. Dr. A. Popp.

Abb. 10.12 Ein Aufschluss mit oligozänem Glimmerton liegt landschaftlich schön am Strand südlich des Leuchtturms von Lodbjerg direkt an der Nordsee.

Abb. 10.14 Detail des Geschiebes aus Abb. 10.13 mit oligozänen Schnecken: *Fusiturris selysii* (vorn) und *Scalaspira cf. erratica* (hinten, mehrere Exemplare). L der Schnecken bis 5 cm.

Abb. 10.15: Detail aus Abb. 10.13: Knochenrest eines Wirbeltiers, L ca. 1 cm.

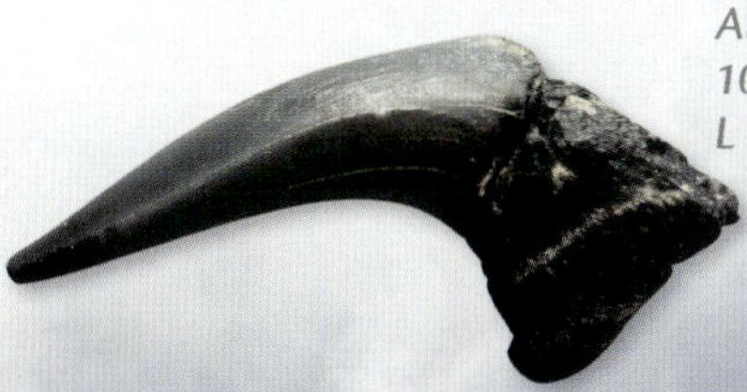

Abb. 10.16: Im Geschiebe von Abb. 10.13 wurde ein Haizahn gefunden. L ca. 1,7 cm.

Abb. 10.17: Weiterhin sind im Geschiebe aus Abb. 10.13 kleine „Bohrschnecken" (vermutlich *Euspira*) enthalten. L des größten Exemplars 1,1 cm.

11. Die „Norweger" und die „Schweden": Geschiebe am Limfjord

Das Limfjordgebiet und die Nordseestrände unterhalb der Steilküsten in Nordjütland sind ein Paradies für Geschiebesammler. Die eiszeitlichen Geschiebe stammen v. a. aus Norwegen und Schweden, entsprechend den Eisstromrichtungen während der letzten Vereisungen. Neben fossilführenden Gesteinen liegen Millionen von Kristallin-Geschieben (Magmatite, Metamorphite) auf den Stränden.

Im Folgenden werden einige typische Geschiebe vorgestellt, die man am Limfjord und in Nordjütland finden kann. Dazu zählen die (nach den Herkunftsländern grob unterteilten) „Norweger" und „Schweden", aber auch Geschiebe aus dem Skagerrak und dem Kattegat. Viele dieser Gesteine sind außergewöhnlich schön. An den meisten Stränden dominieren – neben Nahgeschieben aus Oberkreide, Dan, Eozän und Oligozän – norwegische Kristallingeschiebe. Seltener sind Strände, auf denen auch viel schwedisches Material vorkommt. Vereinzelt sieht man am Limfjord und in Nordjütland außerdem Geschiebe aus dem östlichen und nordöstlichen Ostseeraum, etwa Åland-Gesteine oder den oberordovizischen Ostseekalk.

Geschiebe und Leitgeschiebe

Die Gletscher der letzten Eiszeiten brachten riesige Mengen Gesteinsmaterial aus ihren Entstehungsgebieten im Norden u. a. nach Dänemark und Norddeutschland. Nach dem Abschmelzen des Eises hinterließen sie unvorstellbar große Massen an Gesteinen, vom winzigen Tonpartikel bis zum riesigen Findling. Von Gletschern transportierte Gesteine nennt man **Geschiebe** oder **Erratika**.

Leitgeschiebe sind Geschiebe, die durch ihr besonderes Aussehen und ihre Zusammensetzung gut bestimmbar sind. Zudem ist ihr Herkunftsort bekannt. Man weiß, wo das betreffende Gestein heute noch vorkommt. Ein gutes Beispiel ist der Rhombenporphyr, der in Skandinavien nur im Oslogebiet ansteht. Geschiebe dieses Gesteins, die man in Dänemark oder Norddeutschland findet, deuten also auf Eisströme hin, die aus Südnorwegen gekommen sind.

Kristallingeschiebe aus Norwegen

An den Stränden Nordjütlands und des Limfjords sind auffällig viele kristalline Geschiebe aus Südnorwegen zu finden (Abb. 11.1 bis 11.9). Hier sollen einige häufige dieser Kristallingesteine vorgestellt werden; es gibt noch viele weitere! Ein Überblick über die kristallinen Geschiebe eines Strandes/einer Kiesgrube hilft dabei, abzuschätzen, ob auch fossilführende Gesteine aus einem bestimmten Gebiet vorhanden sein könnten bzw. woher die dort angetroffene Fossilien stammen könnten.

Sedimentärgeschiebe aus Norwegen

Im oberen Präkambrium entstanden in Norwegen verschiedene, oft grobkörnige Sandsteine und Konglomerate, z.B. im Hedmark-Becken nördlich des Mjøsa-Sees. Sie gehören zur sogenannten Sparagmit-Formation. Sparagmite sind spätpräkambrische, feldspatreiche Sandsteine bzw. Arkosen, teils mit großen eckigen Klasten. Der Name Sparagmit (griech. „sparagma" = Fetzen, abgerissenes Stück) wurde von dem dänisch-norwegischen Geologen und Mineralogen Jens Esmark geprägt. Im Hedmark-Becken entstanden u.a. auch rote Sandsteine, z.T. mit Schrägschichtungen (Rendalen-Formation), die manchen Jotnischen bzw. Dala-Sandsteinen aus Schweden bzw. vom Boden der nördlichen Ostsee ähneln.

Besonders drei Gesteinsarten im Mjøsa-Gebiet sind auffällig. Das Biskopåsen-Konglomerat (Abb. 11.10) entstand im Oberen Präkambrium. Es besteht aus einer grauen feinkörnigen Grundmasse mit zahlreichen, meist gerundeten, manchmal auch eckigen Klasten. Die gerundeten Gerölle (u.a. helle Quarzite, Granite, Gneise) entstammen verschiedenen anstehenden Gesteinen und wurden vermutlich durch schnell fließendes Wasser mitgerissen und abgerollt. Die eckigen Klasten hingegen (Kalkstein, Kalksandstein, Basalt) wurden wahrscheinlich nicht weit transportiert. Außerdem kann das Konglomerat kleine dunkle Phosphoritknollen enthalten. Der norwegische Wissenschaftler Nils Spjeldnæs fand 1959 in so einem Phosphoritgeröll aus der Biskopåsen-Formation winzige Überreste präkambrischer Lebewesen. Das schlauchförmige Fossil *Papillomembrana* ist nur 1 bis 2 Millimeter groß. Seine systematische Stellung ist bis heute unsicher; vielleicht ist es eine Alge oder ein Acritarch. Am Limfjord findet man Geschiebe, die dem Biskopåsen-Konglomerat sehr ähneln (und in vielen Fällen wohl mit ihm identisch sind; s. Abb. 11.11 bis

Abb. 11.1: Der Rhombenporphyr ist sicherlich das auffälligste norwegische Geschiebe. Es entstand im Perm im Oslogebiet. Es kommt in vielen farblichen Varianten vor und ist von hohem ästhetischem Reiz. Man könnte Jahre damit verbringen, seine vielen Erscheinungsformen zu studieren und zu sammeln. Die Grundmasse (Matrix) des Rhombenporphyrs ist meist ziegelrot, rotbraun, braun, violett, grau oder schwarz. Darin befinden sich meist rhombenförmige, aber auch sternförmige oder rechteckige Feldspatkristalle. Diese können grau, cremefarben, rot, rosa, grün oder grau sein. Manche dieser Kristalle weisen eine teils mehrfarbige Zonierung oder einen „Rand" auf, z.B. innen grün, außen rosa. Etwa faustgroßes Geschiebe, FO Limfjordgebiet.

Abb. 11.2: Rhombenporphyr mit rechteckigen Kristallen wird Rektangelporphyr genannt und ist unter Kristallin-Sammlern besonders begehrt, da selten. L der Kristalle bis 2 cm, FO Livø.

Abb. 11.3: Rhombenporphyr-Mandelstein enthält runde, ehemalige Gasblasen, die mit Calcit, Quarz oder anderen Mineralen auskristallisiert sind. Rhombenporphyr entstand aus einer heißen Gesteinsschmelze; waren darin Gase enthalten, dehnten sie sich aus, wenn das flüssige Gestein in die Nähe der Erdoberfläche kam, da der Druck hier abnahm. Später füllten sich die so entstandenen Hohlräume mit anderen Mineralen. B 6,5 cm, FO Nordjütland.

Abb. 11.4: Oslo-Basalt ist ein dunkles, graues bis violettes quarzarmes (basisches) Gestein. Es enthält häufig Feldspatleisten aus Plagioklas, die manchmal auch kleine Sternchen formen. Oslo-Basalt ist meistens magnetisch. B 13,5 cm, FO Bovbjerg.

Abb. 11.5: Larvikit ist ein blaugraues, grobkörniges Gestein, das in einer helleren und einer dunkleren Variante auftritt. Es stammt vom Oslofjord und wurde nach der Stadt Larvik benannt. Auffällig sind die blau schillernden, streifigen Feldspatkristalle. Den blauen Schiller sieht man am besten, wenn man das Gestein anfeuchtet, ebenfalls bei polierten Stücken, die u. a. für Fassadenverkleidungen, Tischplatten oder als Fliesen verwendet werden. An dunklen Mineralen enthält Larvikit v. a. Augit und Biotit. In Nordjütland kommt Larvikit häufig in Findlingsgröße vor. Etwa faustgroßes Geschiebe, FO Habinsel Salling.

Abb. 11.6: Tønsbergit ist dem Larvikit sehr ähnlich. Auch er besitzt blaugraue Feldspatkristalle. Allerdings ist die Grundmasse durch Hämatit rot gefärbt, weshalb das Gestein auch „Roter Larvikit“ genannt wird. Die dunklen Mineralkörner bestehen aus Biotit, Augit oder Hornblende. Das Gestein wurde nach der Stadt Tønsberg am Oslofjord benannt. Etwa faustgroßes Geschiebe, FO Bovbjerg.

Abb. 11.7: Hornblendefels stammt aus der Gegend von Skien in Südnorwegen. Er besteht aus einer cremefarbenen Grundmasse aus Quarz und Feldspat. Darin liegen zahlreiche größere und kleinere, schwarze, nadelförmige Hornblendekristalle. Sie können eine Länge von mehreren Zentimetern erreichen. Je größer die Kristalle sind, desto schöner ist das Gestein. B ca. 15 cm, Strandfund vom Limfjord ohne Bergung.

Abb. 11.8: Der Glitre-Ignimbrit verdankt seine Existenz einer Vulkaneruption. Er besteht aus Gesteinstrümmern, die bei einem Vulkanausbruch vermutlich in einer pyroklastischen Wolke mitgerissen und anschließend sedimentierten und zu einem Gestein verfestigt wurden. Die Grundmasse ist hellgrau bis violettgrau; darin finden sich Bruchstücke von dunklem Basalt oder violettem Porphyr sowie graue oder braune Schlieren von Bimsstein. Auch dieses Gestein stammt aus dem Oslogebiet. B 11,5 cm, FO Lemvig.

Abb. 11.9: Der Drammen- oder Bordvika-Ignimbrit entstand ebenfalls im Oslogebiet und hat eine schwarze, dunkelgraue oder braune Grundmasse. Darin liegen viele kleine rosa Feldspat- und graue Quarzkörner. Weiterhin können auch Bimssteinschlieren oder dunkle Basalttrümmer vorkommen. Die Ignimbrite sind Zeugen für den heftigen Vulkanismus, der einst in Südnorwegen herrschte. Strandfund vom Limfjord ohne Bergung.

11.12). Neben dem Biskopåsen-Konglomerat gibt es allerdings in Südnorwegen noch weitere, ganz ähnliche Konglomerate, die deutlich jünger sind (z. B. das Kolsåsen-Konglomerat aus dem späten Paläozoikum (Karbon), das auf dem gleichnamigen Berg nahe Oslo ansteht). Man findet Konglomerate aus Norwegen als Geschiebe am Limfjord, vereinzelt sogar in Findlingsgröße (Abb. 11.11 und 11.13).

Oberhalb der Sparagmit-Formation liegt am Mjøsa-See der Moelv-Tillit. Ein Tillit ist eine eiszeitliche Ablagerung (ein Till bzw. eine Grundmoräne), die zu einem festen Gestein verkittet wurde. Tills und Tillite haben die Eigenschaft, dass verschieden große Gesteinsbruchstücke in ihnen vorkommen, vom Findling bis zum Tonpartikel. Diese sind in der Regel nur schlecht sortiert. Der Moelv-Tillit ist vermutlich eine Ablagerung der Varanger-Eiszeit, die vor etwa 630 bis 600 Millionen Jahren stattfand. Mit viel Glück ist es möglich, ein Stück Tillit als Geschiebe in Dänemark (oder sogar in Norddeutschland) zu finden. Auf dem Moelv-Tillit kamen weitere präkambrische Sedimente zur Ablagerung, v. a. Siltsteine, Sandsteine und Konglomerate. Der Moelv-Tillit ist ein Gestein, das potenziell als Geschiebe in Nordjütland vorhanden sein müsste, ist von der Autorin jedoch bisher noch nicht gefunden worden.

Der Ringsaker-Quarzit, ein grauer, harter Sandstein, ist das älteste kambrische Gestein Südnorwegens. Er wurde küstennah abgelagert. Er steht u. a. auf Steinsodden am Ufer des Mjøsa-Sees an. Wie in den unterkambrischen quarzitischen Sandsteinen Süd- und Mittelschwedens finden sich auch im Ringsaker-Quarzit Lebensspuren, beispielsweise *Skolithos* und *Diplocraterion*. Der Quarzit kann außerdem Bleiglanz (Galenit, PbS) enthalten. Es ist anzunehmen, dass auch der Ringsaker-Quarzit als Geschiebe in Norddänemark vorkommt, dass er dann allerdings kaum von ähnlichen schwedischen Geschieben zu unterscheiden sein dürfte (s. u.). Im Folgenden werden einige interressante Geschiebefunde norwegischer Fossilien und ihre Pendants aus dem Anstehenden von Norwegen gezeigt.

Im Oslogebiet wurden im Mittleren und Späten Kambrium u. a. schwefelreiche dunkle Tonsteine („Alaunschiefer“, Abb. 11.14) und Stinkkalke abgelagert. Stinkkalke sind meist dunkle, schwarze oder antharazitfarbene (auch braun oder hellgrau verwitterte) Gesteine, die beim Aufschlagen deutlich nach Teer oder Bitumen riechen. Sie entstanden aus einem Faulschlamm und enthalten erdölartige organische Substanzen. Stinkkalke sind auf bestimmten

Abb. 11.10: Biskopåsen-Konglomerat mit zahlreichen weißen Quarzitgeröllen, anstehendes Gestein im Mjøsa-Gebiet, Norwegen.

Abb. 11.11: Findling mit hellen Quarzitgeröllen. Das Gestein ähnelt stark dem Biskopåsen-Konlomerat vom Mjøsa-See in Norwegen. FO östlicher Limfjord.

Abb. 11.12: Konglomerat mit großen Quarzitgeröllen, Geschiebe vom Limfjord. Derartige Konglomerate stammen wegen ihrer Ähnlichkeit mit dem Biskopåsen-Konglomerat mit höchster Wahrscheinlichkeit aus Südnorwegen. B 10,5 cm, FO Lemvig.

Abb. 11.13: Großer Block aus einem grauen Konglomerat mit verschiedenartigen Geröllen, darunter abgerollten Quarzit- und Basaltstücken. Vermutlich handelt es sich ebenfalls um ein Geschiebe aus Südnorwegen. FO südwestlicher Limfjord.

Abb. 11.14: Dunkler Alaunschiefer mit Trilobitenresten (Peltura) aus dem anstehenden Oberkambrium des westlichen Oslofjords. B weißes Rechteck = 1 cm.

Abb. 11.15: Phyllograptus in einem Graptolithenschiefer vom westlichen Oslofjord. Die Graptolithen glänzen golden, da sie einen dünnen Überzug aus Pyrit aufweisen. Tøyen-Formation, Unteres Ordovizium. B des Fundstücks ca. 10 cm.

Schichtflächen reich an Fossilien, v.a. an Agnostiden (kleinwüchsige nahe Verwandte der Trilobiten), Trilobiten und Brachiopoden. Funde dieser Stinkkalke und Alaunschiefer sind als Geschiebe auch in Dänemark denkbar. Da jedoch derartige Gesteine auch in Schweden auftreten (und dort auch weiter verbreitet sind), kann man die Herkunft dieser Geschiebe meistens nicht eindeutig zuordnen.

Weiterhin findet man im Oslogebiet auch dunkelgraue bis schwarze ordovizische Graptolithenschiefer. Diese dunklen Tonsteine, die verschiedene Graptolithenarten enthalten, stehen z.B. bei Nærsnes und Slemmestad an. Oft sind die Graptolithen mit einer dünnen Pyritschicht überzogen, sodass sie golden glänzen (Abb. 11.15). Als Geschiebe sollte man diese Gesteine potenziell auch in Nordjütland finden können.

Im Ordovizium und im Silur entstanden in Südnorwegen marin abgelagerte Kalksteine, tonige Kalksteine, Tonsteine, Kalksandsteine und Feinsandsteine, in denen typische paläozoische Fossilien enthalten sind, etwa Korallen, Brachiopoden, Tentakuliten, Trilobiten, Crinoiden, Cystoideen oder Kalkalgen. Die Gesteine sind überwiegend mittel- bis dunkelgrau (Abb. 11.18 bis 11.42; 11.52). Eine besondere Erscheinungsform des Kalksteins im Oslogebiet ist der Knollenkalk. Dieses Gestein besteht aus Tonstein oder tonhaltigem Kalkstein mit zahlreichen kalkigen Konkretionen. Die Kalkknollen sind vermutlich diagenetisch entstanden, u.a. werden Drucklösungsprozesse vermutet.

Oft wurden die norwegischen Sedimente aus dem Ordovizium und Silur später v.a. durch Hitze, untergeordnet auch durch Druck, metamorph überprägt (Abb. 11.16 und 11.17). Einige wurden dadurch sehr hart und widerstandsfähig; sie überstanden den Eistransport nach Dänemark gut. Dies gilt besonders für den Hornfels, von dem später noch die Rede sein wird. Anders als die vielen kristallinen Geschiebe aus Norwegen findet man die ordovizisch-silurischen Sedimentgesteine deutlich seltener in Nordjütland. Sie sind nicht leicht zu identifizieren, weil sie auf den ersten Blick oft aussehen wie dunkler Basalt. Mit viel Geduld lassen sich jedoch interessante Stücke mit verschiedenen Fossilien finden.

Im Obersten Silur entstanden in Südnorwegen auch mächtige Sandsteinablagerungen (Ringerike-Sandstein), die heute z.B. in Ringerike westlich von Oslo anstehen. Der Sandstein ist rot bis grau und markiert den Beginn einer Regression („Meeresrück-

Abb 11.16: Hornfels, der möglicherweise aus Knollenkalk gebildet wurde. Findling, südöstlicher Limfjord.

zug"), die sich im Devon fortsetzte. Ähnliche Sandsteine findet man auch im Oberen Silur von Schonen/Südschweden (Öved-Ramsåsa-Sandstein) und am Siljan-See/Mittelschweden (Orsa-Sandstein). Der Ringerike-Sandstein ist als Geschiebe auch in Nordjütland zu erwarten, man kann ihn jedoch nur sehr schlecht von den deutlich älteren präkambrischen Sandsteinen Norwegens, Schwedens und des Ostseebodens unterscheiden. Zudem wurden im Oslogebiet auch im Karbon/Perm ganz ähnliche rote Sandsteine abgelagert.

Ein Gestein, das von dramatischen Ereignissen im ausgehenden Paläozoikum erzählt, ist der Hornfels (Abb. 11.43 bis 11.47, im weiterem Sinn auch 11.48 bis 11.52). Das Gestein ist typisch für das Oslogebiet. Es ist ein häufiges Geschiebe im nördlichen Jütland, man findet es aber auch in Norddeutschland. Das Erscheinungsbild von Hornfels ist sehr unterschiedlich. Die Geschiebe sind hart und dicht, häufig mittel- bis hellgrau, mit beigefarbenen, roten oder grünen Streifen oder Flecken. Hornfels ist ein metamorphes Gestein (Umwandlungsgestein), das aus kambrischen, ordovizischen und silurischen stark tonhaltigen Kalksteinen, Feinsandsteinen und v. a. Tonsteinen gebildet wurde. Vor etwa 310 Mio. Jahren entstand im späten Karbon und Perm in Südnorwegen das Oslo-Rift. Wie heute in Ostafrika riss die Erdkruste auf, und es entwickelte sich ein ausgedehnter Vulkanismus. Das Rift reichte vom Mjøsa-Gebiet nördlich von Oslo bis in das Meeresgebiet, das heute westlich von Jütland liegt (Horn-Graben). Die Riftbildung geschah ungefähr zeitgleich mit der Herzynischen Gebirgsfaltung. Aus unbekannten Gründen kam sie in einem frühen Stadium zum Erliegen.

Kambrosilurische Sedimente kamen damals in Kontakt mit heißen Gesteinsschmelzen (z. B. aufsteigenden Magmen oder Lavadecken) und wurden dabei erhitzt. Gleichzeitig drangen heißer Wasserdampf und Gase in sie ein. Hierbei wurden sie zu Hornfels umgewandelt. Vermutlich lagen die Temperaturen bei etwa 700 bis 1000 °C; der Druck spielte hier eine untergeordnete Rolle. Man kann sich diesen Vorgang so ähnlich vorstellen wie das Brennen von Ton bei der Herstellung von Keramik. Aus den in der Regel geschichteten paläozoischen Sedimenten wurde durch Kontaktmetamorphose harter, dichter Hornfels. Die Streifen, die man in vielen Geschieben noch sieht, sind Reste der ehemaligen Schichtung. Je deutlicher die Bänderung, desto geringer ist der Grad der Metamorphose. Bei vielen Stücken mit stärker ausgeprägter Umwandlung erkennt man von der ursprünglichen Schichtung nur noch unregelmäßige Flecken. Die lebhaften Farben mancher Hornfels-Geschiebe beruhen auf der Umwandlung und Neubildung von Mineralen. Nach Smed (2016, S. 118) bestanden die dunkleren, grauen Partien der gebänderten Hornfelsblöcke ursprünglich aus feinem Sandstein, die helleren aus Ton. Bei nur leichter Überprägung blieben Kalkreste erhalten.

Abb. 11.17: Dieses anstehende Gestein auf Kalvøya im Oslofjord hat große Ähnlichkeit mit dem Geschiebe aus Abb. 11.16.

Kristallingeschiebe aus Schweden

Die schwedischen Geschiebe am Limfjord und in Nordjütland stammen vornehmlich aus Mittelschweden, aber auch südschwedische Gesteine kommen vor (Abb. 11.53 bis 11.58). Die von Osten oder Nordosten kommenden Eisströme wurden in den Eiszeiten z. T. durch das Geländeprofil, ältere Sedimente oder aufgestautes Eis „abgelenkt", sodass sie das Limfjordgebiet und z. T. die Gegend um Hirtshals erreichten. Deshalb findet man hier vereinzelt sogar Geschiebe aus Südost-Schweden und dem Gebiet der Åland-Inseln, die man so weit nördlich eigentlich nicht mehr vermuten würde.

Ein typisches kristallines Leitgeschiebe aus dem schwedischen Västergötland ist der Kinnediabas, der auch in Norddeutschland häufig als Geschiebe zu finden ist. Weitere kristalline Leitgeschiebe aus Schweden sind die recht bunten Dala-Porphyre und der Öje-Diabas-Porphyrit. Beide Gesteinsarten haben ihre Heimat in Dalarna, Mittelschweden.

Sedimentärgeschiebe aus Schweden

Der Jotnische Sandstein (auch Dala-Sandstein genannt, Abb. 11.59) ist an vielen Stränden des Limfjords zu finden. Er ist von roter bis violetter Farbe, mehr oder weniger deutlich geschichtet, fein- bis grobkörnig und weist häufig gelbliche Entfärbungsflecken oder -zonen auf. Das Anstehende dieses Gesteins liegt in der schwedischen Provinz Dalarna und in der nördlichen Ostsee. Einschränkend muss gesagt werden, dass es auch in Südnorwegen ähnliche rote Sandsteine und Arkosen gibt (Rendalen-Formation). Weiterhin kommen am Oslo-Fjord auch rote Sandsteine vor, die im Karbon/Perm entstanden sind.

Typische fossilführende Geschiebe aus Schweden sind unterkambrische, quarzitische Sandsteine mit Spurenfossilien (**Abb. 11.60 bis 11.65**). Im hellgrauen bis graugelblichen, manchmal auch rötlich verfärbten Gestein findet man u.a. die Spurenfossilien (Ichnofossilien) *Skolithos* (*Skolithos linearis*, *tibia* und *musicalis*), *Monocraterion*, *Diplocraterion*, *Syringomorpha*, *Psammichnites* und *Conichnus*. Ähnliche Gesteine gibt es anstehend in Västergötland, am Kalmar-Sund und in West- und Südostschonen. Aufgrund der Häufigkeit ihres Auftretens als Geschiebe ist für die meisten quarzitischen Sandsteine des Unterkambriums eine Herkunft aus Västergötland oder Schonen anzunehmen. Einige Geschiebe könnten jedoch aus dem Mjøsa-Gebiet Norwegens stammen (Ringsaker-Quarzit, s.o.).

Andere fossilführende Geschiebetypen sind mittel- oder oberkambrisch. Dazu zählen die schon oben erwähnten Stinkkalke und Alaunschiefer (**Abb. 11.66 und 11.67**). Sie sind in Schweden recht weit verbreitet. Man findet sie anstehend beispielsweise in Schonen, Västergötland und Närke. Da sie auch am Oslofjord (und auf Bornholm) vorkommen, sind diese Gesteine für Nordjütland keine Leitgeschiebe. Neben Stinkkalken gibt es weitere dunkle kambrische Kalke und Schiefer in Schweden, Norwegen und auf Bornholm, die Agnostiden, Trilobiten und Brachiopoden enthalten können.

Eindeutige „Schweden" sind die Roten Orthocerenkalke (**Abb. 11.68**). Es sind hell- bis ziegelrote, ordovizische Kalksteine, die oft Reste von Cephalopodengehäusen enthalten, v.a. die gestreckten, „schultütenförmigen" Orthoceren und Endoceren, seltener die Gehäuse planspiral aufgerollter Arten. Weitere häufige Fossilien in diesen Kalken sind Trilobiten und Brachiopoden. Heutige Vorkommen roter Orthocerenkalke liegen in Västergötland, in Dalarna, auf Öland und in der nördlichen Ostsee an und vor der schwedischen Küste. Die Geschiebe in Norddänemark stammen vermutlich eher von den beiden erstgenannten Herkunftsgebieten. Neben roten Orthocerenkalken findet man am Limfjord und in Nordjütland auch graue Orthocerenkalke. Sie weisen ebenfalls häufig Reste ordovizischer Cephalopoden, Trilobiten und Brachiopoden und weiterer Fossilien auf. Sie sind jedoch eher selten und auch von einigen Geschiebetypen aus Norwegen kaum zu unterscheiden.

Ach ja: „Finnen" und „Balten" gibt es auch!

Die Eisströme, die während der Eiszeiten den Norden Dänemarks überfuhren, kamen überwiegend aus nördlichen Richtungen, wie wir aus dem Geschiebebestand schließen können. Ab und zu findet man aber auch Leitgeschiebe, die zeigen, dass das Eis, das die Ostseesenke durchfuhr, zu manchen Zeiten auch einen „Bogen" machte und von Südosten kam. Anders sind die Geschiebefunde von Geschieben aus Finnland und der östlichen Ostsee in Nordjütland kaum zu erklären. Weiterhin konnten jüngere Gletscher natürlich ältere Sedimente und deren Geschiebebestand aufarbeiten und weitertransportieren.

Ein Beispiel für finnische Gesteine sind rote Åland-Porphyre (**Abb. 11.69**). Diese stammen von den Åland-Inseln, die zwischen Schweden und Finnland in der nordöstlichen Ostsee liegen. Sie sind oft leuchtend rot und enthalten abgerundete, meist korrodierte Quarzkristalle. Weiterhin finden sich in der roten Matrix hellrote und ziegelrote Feldspatkristalle.

An einigen Stellen des Limfjordgebiets kommen auch die blaugrauen Beyrichienkalk-Geschiebe vor. Unter Beyrichienkalk versteht man eine Gruppe von Gesteinen aus dem Oberen Silur. Sie enthalten überwiegend kleine Fossilien, besonders Muschelkrebse, darunter die namengebenden Beyrichien. Weiterhin kommen in diesen Gesteinen u.a. kleine Brachiopoden (v.a. *Microsphaeridiorhynchus* und *Protochonetes*), Trilobiten (v.a. *Calymene*), Tentakuliten, Muscheln und Fischreste vor. Beyrichienkalke findet man anstehend im Meeresgebiet zwischen Gotland und Estland sowie (untergeordnet) in Schonen (Ringsjö-Gebiet).

Abb. 11.18: Grauer oberordovizischer Kalk mit fossilen Kalkalgen (Paläoporellen-Kalk), Geschiebe vom Limfjord. Paläoporellen und ihre Verwandten (z. B. Vermiporella und andere) zählen zu den Kalkalgen, d. h. sie lagerten Kalk in ihre Gewebe ein. Im Oberen Ordovizium Skandinaviens und des Baltikums sind sie manchmal gesteinsbildend. Während Geschiebe aus dem nördlichen und östlichen Ostseegebiet häufig cremefarben, rosa oder grün gefärbt sind, sind die Paläoporellen-Kalke des Oslogebiets eher hellgrau. Anstehend findet man das Gestein u. a. im westlichen Stadtgebiet von Oslo. Durchmesser der Kalkalgenröhren ca. 0,3 bis 0,4 cm.

Abb. 11.19: Paläoporellen-Kalk, anstehendes oberordovizisches Gestein im Stadtgebiet von Oslo. Durchmesser der Kalkalgenröhren ca. 0,3 bis 0,4 cm.

Abb. 11.21: In einem kopfgroßen Geschiebe wurde diese schöne Kettenkoralle gefunden. L der Kelche ca. 2 bis 3 mm, FO südwestlicher Limfjord, leg. Dr. A. Popp.

Abb. 11.20: Einige der norwegischen Geschiebe enthalten schöne Korallenreste. Die Abbildung zeigt Teile der Stöcke von drei halysitiden Kettenkorallen (links) und eine ? Favositide (ganz rechts). Diese Korallen zählen zu den Tabulaten (Bödenkorallen). B bis ca. 7 cm, verschiedene FO am Limfjord und in Nordjütland.

Abb. 11.23: Norwegisches Geschiebe mit zahlreichen rugosen Einzelkorallen, aufgesägt. Die Septen der Korallen sind deutlich zu erkennen. B 16 cm, FO südwestlicher Limfjord.

Abb. 11.22: Dunkles Geschiebe mit einer buschförmigen Korallenkolonie (möglicherweise Eofletcheria oder Multithecopora). B 12 cm, FO südwestlicher Limfjord.

Abb. 11.24: Große rugose Einzelkoralle auf der Halbinsel Spirodden am Oslofjord. Auf Spirodden steht grauer Kalk aus dem Silur an, in dem viele Korallenarten vorkommen. Die Halbinsel steht unter Naturschutz, das Sammeln ist dort nicht erlaubt.

Abb. 11.25: Favositider Korallenstock im Anstehenden von Norwegen. Durchmesser der einzelnen Kelche ca. 3 mm, FO Stadtgebiet von Oslo.

Abb. 11.26: Ausgewitterte Kettenkoralle, Strandgeröll in Ringerike/Norwegen. B ca. 8 cm.

Abb. 11.27: Tabulate Koralle Sarcinula, Anstehendes, Bøndsnes/ Südnorwegen. Theoretisch ist auch ein Geschiebefund dieser schönen Koralle in Norddänemark möglich. Durchmesser der Kelche ca. 3 mm.

Abb. 11.28: Dunkles Geschiebe von der Küste Mitteljütlands mit Resten tabulater Korallen und weiterer Fossilien. Norwegische Sedimentgesteine kommen als Geschiebe auch in Mitteljütland vor; je weiter man nach Süden und Osten kommt, desto seltener werden sie jedoch. B ca. 13,5 cm.

Abb. 11.29: Ein ästhetisch ansprechender Geschiebefund: Dunkler überprägter Kalksandstein/ Feinsandstein mit massenhaft weißen Crinoidenresten (norwegisches Crinoidengestein). Durchmesser der Fossilien ca. 0,5 cm, FO südwestlicher Limfjord.

Abb. 11.30: Bei diesem Gestein handelt es sich um ein ähnliches Stück wie in der vorigen Abbildung. FO südwestlicher Limfjord, leg. Dr. A. Popp.

Abb. 11.31: Norwegisches Crinoidengestein in seitlichem Anschnitt. Man sieht, dass die Fossilien (hell) nur in bestimmten Schichthorizonten angereichert sind. Dies spricht dafür, dass sie vor der Ablagerung durch Wasserströmungen transportiert oder in einer tiefer gelegenen Mulde abgelagert wurden. Geschiebe, B 7 cm, FO Bovbjerg.

Abb. 11.32: In diesem stark verwitterten norwegischen Geschiebe wurden die Kalkbestandteile aufgelöst. Man sieht massenhaft Abdrücke bzw. Hohlformen von Seelilien-Fragmenten. Durchmesser der Crinoidenteile ca. 0,5 cm, FO südwestlicher Limfjord.

Abb. 11.33: Ausgewittertes Crinoidenstielfragment und Brachiopodenreste in einem Geschiebe vom Limfjord. Durchmesser des Crinoidenstielteils ca. 0,5 cm.

Abb. 11.34: Ein Gegenstück zu den Geschieben in Dänemark bildet dieser Fund vom Geschiebestrand von Mølen in Südnorwegen. Man erkennt zahlreiche helle Fossilreste, darunter Brachiopoden. Strandfund ohne Bergung.

Abb. 11.35: Geschiebe, vermutlich aus dem Oslofjord, mit schönen paläozoischen Brachiopoden. B 9,5 cm, FO Bovbjerg.

Abb. 11.36: Zahlreiche Brachiopoden mit silbrig glänzender Schale. B 10 cm, leg. Dr. A. Popp, FO südwestlicher Limfjord.

Abb. 11.37: Die Kalkbestandteile dieses Geschiebes wurden aufgelöst und das Gestein ist braun verwittert. Nach dem Aufschlagen sieht man zahlreiche Abdrücke von Brachiopoden. B der Brachiopoden bis ca. 1 cm, FO südwestlicher Limfjord.

Abb. 11.38: Gestein mit massenhaft hellen Resten des Brachiopoden Borealis borealis (alter Name: Pentamerus borealis), Ringerike/Norwegen. Dieser pentameride Brachiopode kommt in bestimmten untersilurischen Schichten Norwegens und Estlands in großen Massen vor.

Abb. 11.39: Verwittertes Borealis-Gestein, Geschiebe vom Limfjord. Mit großer Wahrscheinlichkeit handelt es sich um den gleichen Gesteinstyp wie in der vorigen Abbildung. Leg. Dr. A. Popp, B ca. 12 cm.

Abb. 11.40: In den norwegischen Geschieben Norddänemarks sind mitunter auch Trilobitenteile (hier ein winziges Cranidium eines Phacopiden) zu finden. Dieser Fund enthält außerdem Brachiopoden- und Tentakulitenreste. Das Gestein ist vermutlich silurischen Alters. FO Limfjord.

Abb. 11.41: Ordovizischer Trilobit Ogygiocaris aus dem Anstehenden vom Eikern-Gebiet westlich von Oslo, Norwegen. L des Trilobiten ca. 5 cm.

Abb. 11.42: Trilobitenpygidium und Brachiopoden (Leptaena sp.) in den metamorph überprägten oberordovizischen Gesteinen vom Steinvika, Südnorwegen. Strandfund ohne Bergung.

Abb. 11.43: Gebänderter Hornfels, Geschiebe aus Nordjütland. Die Bänder repräsentieren Überbleibsel der ursprünglichen Schichtung der paläozoischen Sedimentgesteine, aus denen der Hornfels durch Kontaktmetamorphose entstand. B ca. 3,5 cm, FO Bovbjerg.

Abb. 11.44: Die ehemalige Schichtung ist bei diesem Hornfels in Schlieren aufgelöst. B 10,5 cm, FO Livø.

Abb. 11.45: Bunt gebänderter Hornfels, Geschiebe vom Limfjord. Die bunten Farben zeugen von einer Mineralneubildung während der Metamorphose, die mit dem partiellem Schmelzen von Gesteinsbestandteilen verbunden war. In derartig stark umgewandelten Hornfelsstücken sind in der Regel keine Fossilien mehr erhalten. B 8,5 cm, FO Halbinsel Salling.

Abb. 11.46: Fleckiger Hornfels, Aufsicht auf eine ehemalige Schichtfläche. B 8 cm, FO Lemvig.

Abb. 11.47: Hornfels mit Resten eines unbekannten Fossils, möglicherweise eines Schwammes, Geschiebe vom Limfjord. Je nach dem Grad der Metamorphose können in manchen Fällen auch im Hornfels noch Fossilien erhalten sein. Bei starker Metamorphose werden sie jedoch zerstört. B des Fossils ca. 1,5 cm, FO Halbinsel Salling.

Abb. 11.50: Anstehender Hornfels mit Verwitterungserscheinung (rostfarbenes Band) in Steinvika, Oslofjord. Diese Art der Verwitterung kann man ebenfalls bei vielen Geschieben in Norddänemark beobachten.

Abb. 11.48 und 11.49: Hornfels aus dem Anstehenden von Steinvika, Oslofjord, Norwegen. Die dunklen oberordovizischen Gesteine in Steinvika sind z. T. hornfelsartig überprägt. Sie sehen den Geschieben von Nordjütland sehr ähnlich.

Abb. 11.51: Ordovizische Kalkalgen vom Typ Coelosphaeridium, Steinvika, Oslofjord. Das Gestein weist hier nur eine leichte Überprägung auf. Im Ordovizium gab es mehrere Arten von kugelförmigen Algen, die durch einen Stiel auf einem harten Untergrund befestigt waren. Sie lagerten Kalk in bestimmte Gewebe ein; deshalb sind sie in manchen Gesteinen als Fossilien überliefert. Ähnliche Kalkalgen findet man in den ordovizischen Gesteinen Estlands. Mit Glück sollte man diese Fossilien auch als Geschiebe in Nordjütland finden können. Durchmesser der Kalkalgen ca. 1,5 cm, Strandfund ohne Bergung.

Abb. 11.53: Verwittert erinnert die Oberfläche eines Kinnediabas-Geschiebes an einen Blumenkohl. Es enthält Einsprenglinge aus Olivin und Augit sowie winzige Plagioklaskristalle. Olivin verwittert leichter als Augit, daher erscheint die Oberfläche von verwitterten Kinnediabasen knotig. Das Gestein stammt aus der Umgebung des Berges Kinnekulle in Västergötland/Schweden. B ca. 6 cm, Geschiebe von Bovbjerg/Jütland.

Abb. 11.52: Paläozoisches Gestein vom Mjøsa-See, Norwegen. Auch die Gesteine vom Mjøsa-See sind leicht metamorph überprägt und gleichen einigen Geschiebefunden vom Limfjord, sodass auch hier die Heimat einiger Geschiebe zu vermuten ist. In diesem gut faustgroßen Stück sieht man u. a. einige Korallen und Brachiopoden.

Abb. 11.54: Der Öje-Diabas-Porphyrit ist an seinen recht großen, hellgraugrünen bis grauweißen Plagioklas-Einsprenglingen zu erkennen, die durch parallel eingelagerte Minerale (Chlorit und Epidot) fein gestreift erscheinen (mit der Lupe gut erkennbar). Die Matrix des Gesteins ist mittel- bis dunkelgrau und mit winzigen, hellen Plagioklasleisten durchsetzt. Der Öje-Diabas-Porphyrit ist ein Leitgeschiebe aus Dalarna/ Mittelschweden. B 21 cm, Geschiebe.

Abb. 11.55: Die Dala-Porphyre bilden eine große Gruppe von Gesteinen mit vielen verschiedenen Varianten. Ihnen ist gemein, dass sie meistens sehr bunt sind Sie besitzen häufig gelbe, grüne, weiße und/oder rote Feldspat-Einsprenglinge. Sie stammen aus Dalarna in Mittelschweden. B ca. 15 cm, FO Fur/ Limfjord.

Abb. 11.56: Der Påskallavik-Porphyr ist ein sehr farbenfrohes Leitgeschiebe. Das Gestein weist abgerundete rosa Feldspatkristalle und runde bläuliche Quarzkristalle auf. Die Grundmasse ist dicht, grau, braun oder violett. Der Ursprungsort dieses Geschiebes liegt im Osten Smålands in Südost-Schweden. B ca. 15 cm, FO südwestlicher Limfjord.

Abb. 11.57: *Bei diesem seltsamen und besonderen Fund vom südwestlichen Limfjord handelt es sich um einen oolithischen Tuffit. Man erkennt zahlreiche größere und kleinere Kügelchen, von denen viele mit einer hellen „Kruste" umgeben sind. Bei den glasartig dichten Kügelchen (Ooiden) handelt es sich um Lapilli, d. h. kleine Tropfen aus Magma, die bei einem Vulkanausbruch in die Luft geschleudert wurden und erkalteten. Ihre „Kruste" besteht wahrscheinlich aus Aschepartikeln, die sich um die Lapilli herum anlagerten. Die Ooide sedimentierten anschließend und bildeten ein Gestein. Ähnliche Gesteine sind aus Dalarna bekannt (Dala-Pisolith, mit etwas größeren Kügelchen (= Pisoiden)), es ist jedoch auch möglich, dass das hier gezeigte Geschiebe aus anderen ehemaligen Vulkangebieten Skandinaviens stammt. Durchmesser der Kügelchen bis 4 mm.*

Abb. 11.58: *Der sehr seltene Sphärolith-Porphyr enthält radialstrahlige (vom Zentrum her strahlig aufgebaute), braunrote oder rotviolette, kugelige Kristallkörper. Sie bestehen aus Hornblendefasern sowie Quarz und Feldspat, wobei erstere für die rotviolette Färbung verantwortlich sind. Die Matrix ist hellgrau bis cremefarben und ist aus Quarz und Feldspat zusammengesetzt. Das Gestein ist anstehend aus Ragunda (Jämtland, Nordschweden) bekannt. B 5 cm, FO Fur.*

Abb. 11.59: (Vermutlich) Jotnischer Sandstein mit Entfärbungsflecken und Schrägschichtung. B ca. 45 cm, FO Livø.

Abb. 11.60 (Ansicht von der Seite) und 11.61 (Ansicht von oben oder unten): Unterkambrische Sandsteine mit dem Spurenfossil *Skolithos linearis*. Die Erzeuger dieser Spur lebten in senkrecht nebeneinander liegenden Röhren aus verkittetem Sand, die sie auf dem Meeresboden errichteten. Sehr ähnliche Gesteine kennt man anstehend aus Schweden. Strandfunde ohne Bergung, Durchmesser der Röhren ca. 0,5 cm, FO Livø.

bb. 11.62: *Spurenfossil Diplocraterion in einem hellen, uarzitischen, unterkambrischen Sandstein. Zu sehen nd die beiden Öffnungen des Baus, den man sich wie ein " im Sediment vorstellen kann. In der Aufsicht sieht er t hantelförmig aus. Der Bau ähnelt dem des heutigen attwurms. B der größeren Spur ca. 4 cm,) südwestlicher Limfjord.*

Abb. 11.63: *Conichnus, Spurenfossil in einem unterkambrischen Sandstein. Man erkennt eine konische Vertiefung von mehreren Zentimetern Durchmesser am oberen Ende, die sich nach unten verjüngt. Sie wurde nachträglich mit Sediment ausgefüllt. Man vermutet, dass diese Spur durch ein Seeanemonen-ähnliches Tier im ursprünglich sandigen Meeressediment verursacht wurde, dessen unterer Körperabschnitt im Sand eingegraben war. FO südwestlicher Limfjord, Slg. Dr. A. Popp.*

Abb. 11.64: Unterkambrischer Sandstein mit großen, umgekehrt-kegelförmigen Spuren (Anschnitte). Möglicherweise handelt es sich bei diesen ebenfalls um Conichnus. B ca. 14 cm, FO südwestlicher Limfjord.

Abb. 11.65: Zwei Erscheinungsformen des Ichnofossils Psammichnites gigas in einem Siltstein. Die sehr gut erhaltene „geriffelte" Struktur der Spur (unten) gibt die Muskelkontraktion des Erzeugertiers als Abdruck im Sediment wieder. Die zweite Spur (oben) ist durch Sedimentausfüllung dreidimensional erhalten. Deutlich sieht man einen Mittelgrat mit Furche an der Oberseite der Spur. Vermutlich bewegte sich das Tier, das diese Spur erzeugte, dicht unter der Sedimentoberfläche auf der Suche nach Nahrung durch den unterkambrischen Meeresboden. B des Geschiebes 12,4 cm, FO Skærbæk/Mors.

Abb. 11.66: Kambrischer Agnostiden-Schiefer. Auf der Schichtfläche des dunklen Tonsteins befinden sich massenhaft Agnostiden-Reste. Agnostiden sind nahe Verwandte der Trilobiten und finden sich besonders in mittel- und oberkambrischen, seltener in ordovizischen Gesteinen Skandinaviens. Ihre Kopf- und Schwanzschilde sind selten länger als 0,5 cm. Die Herkunft dieses Geschiebes liegt wahrscheinlich in Schweden oder (weniger wahrscheinlich) im Oslogebiet. L der Fossilien wenige mm, Geschiebe vom südöstlichen Limfjord.

Abb. 11.67: Oberkambrischer Stinkkalk mit zahlreichen Trilobitenresten. Der Name des Gesteins rührt daher, dass es beim Aufschlagen deutlich nach Teer riecht. Bildauschnitt ca. 6 cm, Geschiebe, FO südlicher Limfjord.

Abb. 11.68: Der Rote Orthocerenkalk entstand als Meeresablagerung im Ordovizium. Er stammt aus Schweden und ist als Geschiebe im südwestlichen Ostseegebiet weit verbreitet, am Limfjord kommt er nur vereinzelt vor. B ca. 22 cm, Strandfund ohne Bergung, FO südlicher Limfjord.

Abb. 11.69: Åland-Porphyr, Geschiebe aus dem Gebiet der finnischen Åland-Inseln. Ca. faustgroßes Gestein, FO Fur

12. Die „Heimatlosen“: Geschiebe aus dem Skagerrak und dem Kattegat

An den Stränden Nordjütlands findet man immer wieder Gesteine, die weder in Norwegen noch in Schweden oder in Dänemark anstehend bekannt sind. Sie müssen also aus den Meeresgebieten des Skagerraks und des Kattegats stammen. Auf die Herkunft dieser vermeintlich „heimatlosen“ Gesteine kann, sofern sie nicht erbohrt wurden, auch durch ihre Verteilung als Geschiebefunde geschlossen werden (Abb. 12.1). Allerdings besteht bei Geschieben immer auch die Möglichkeit, dass das Anstehende der Geschiebe durch die eiszeitlichen Gletscher abgetragen wurde und heute nicht mehr vorhanden ist.

Abb. 12.1: Hauptverbreitungsgebiete der Skagerrak- und der Katholm-Geschiebe (nach Baartmann & Christensen (1975)). Die Pfeile sind als Hauptrichtung der Eisströme zu verstehen, die im Einzelnen deutlich komplexer waren. Es ist natürlich auch möglich, Skagerrak- oder Katholm-Geschiebe außerhalb ihres Hauptverbreitungsgebiets zu finden.

Eine Gruppe dieser Gesteine wird unter dem Begriff Skagerrak-Geschiebe oder Hirtshals-Geschiebe zusammengefasst (Abb. 12.2 bis 12.6). Sie kommen v. a. an der Nordseeküste Jütlands von der Hafenstadt Hirtshals im Norden bis Bovbjerg im Süden vor, oft auch an den Stränden des Limfjords sowie auf Äckern oder in Kiesgruben im Binnenland. Den Skagerrak-Geschieben ist gemein, dass ihr Fossilinhalt hauptsächlich aus dem Bereich des Oberen Jura und der Unteren Kreide (Kimmeridgium bis Albium) stammt. Meist sind es grüngraue oder graue Kalksteine oder Kalksandsteine. Sie enthalten zahlreiche Mollusken, v. a. Austern und Schnecken, seltener *Myophorella*-Muscheln und Ammoniten. Leider gibt es wenig systematische Untersuchungen an den Hirtshals-Geschieben, und so weiß man relativ wenig über die verschiedenen Gesteinsarten und die Fossilien darin. Die ausführlichste Beschreibung, die die Autorin ausfindig machen konnte, erfolgte durch Skeat & Madsen schon im Jahr 1898; in dieser werden die verschiedenen Gesteinstypen und Fossilien der Skagerrak-Geschiebe dargestellt (s. Literaturliste).

Die Skagerrak-Geschiebe müssen aufgrund ihrer Fundortverteilung aus dem Skagerrak stammen, wo untermeerisch mesozoische Ablagerungen zu vermuten sind (und auch erbohrt wurden, s. Michelsen 1978).

Weniger in Nordjütland, sondern verstärkt an der Ostküste des mittleren Jütlands, wurden die sogenannten Katholm-Geschiebe gefunden (Baartmann & Christensen 1975; Gravesen 2018). Es sind dunkle Tonsteine oder hellgraue bis graugrüne Sandsteine oder Kalksandsteine. Der Fossilinhalt besteht meistens aus zahllosen Muscheln (v. a. *Cyrena*) sowie Ostrakoden, seltener Schnecken. Diese Gesteine wurde nach Katholm auf der Halbinsel Djursland benannt, wo sie häufig als Geschiebe am Strand auftreten (Gravesen 2018). Smed (2016) nennt die dunklen Tonsteine dieser Geschiebegruppe auch „Anholt-Skifer" (deutsch: Anholt-Schiefer), nach der Insel Anholt, in deren Nähe dieses Sediment vermutlich auf dem Ostseegrund vorkommt. Das Alter der Katholm-Geschiebe liegt wahrscheinlich im Bereich Oberjura/Unterkreide bzw. Wealden. Die muschelführenden, grauen bis hellgrauen Sandsteine werden unter Geschiebesammlern auch als „Wealden-Sandsteine" bezeichnet (**Abb. 12.7** und **12.8**).

Häufiger als anderswo treten im Limfjordgebiet und allgemein in West- und Mitteljütland sogenannte Flintkonglomerate auf (**Abb. 12.9** bis **12.11**). Man findet sie jedoch auch (aber seltener) in Norddeutschland. Sie bestehen aus zahlreichen, meist gerundeten Flintknollen und hellen Quarziten in einer Matrix aus hellem Kalksandstein. Seltener sind Flintbrekzien mit scharfkantigen Flintstücken. Häufig sind die Flintbestandteile durch fein verteilte Eisenverbindungen gelbbraun verfärbt. In einem dieser Geschiebe, das man in der Gegend von Herning fand, wurde ein eigenartiger Hohlraum entdeckt. Bei der Anfertigung eines Abgusses zeigte sich, dass hier die Hohlform eines tertiären Kieferzapfens erhalten geblieben war. Weiterhin fanden sich mehrfach längliche Hohlräume im Flintkonglomerat, die **vor** der Verfestigung des Sediments von Baumwurzeln verursacht worden waren.

Aufgrund der Verteilung der Geschiebe vermutet man, dass das Flintkonglomerat aus dem Skagerrak stammt. Vermutlich entstand es im Neogen (Miozän/Pliozän), vielleicht aus vom Meer aufgeworfenen Strandwällen oder Geröllbänken an einem Fluss. Ähnliche (subfossile) Strandwälle findet man heute beispielsweise auf der Insel Rügen (die berühmten „Feuersteinfelder" im Binnenland der Ostküste).

Abb. 12.2: Skagerrak- bzw. Hirtshals-Geschiebe, grünlich-grauer Kalkksandstein mit Molluskenschill. B 10 cm, FO Lodbjerg.

Abb. 12.3 Großer Block ein Hirtshals Geschieb FO Lodb

Abb. 12.4: Ammonitenrest in einem Hirtshals-Geschiebe von Bovbjerg, Durchmesser ca. 11 cm.

Abb. 12.5: Rest eines Ammoniten in einem Geschiebe von Hirtshals. Man erkennt noch rosa-grün schillernde Schalenreste. Durchmesser des Ammoniten ca. 2,2 cm.

Abb. 12.6: Reste von handtellergroßen Austern und anderen Muscheln sind in Skagerrak-Geschieben sehr häufig. Durch die Wölbung der Schalen zeigen sich oft ringförmige Anschnitte. FO Bovbjerg.

Abb. 12.7: Geschiebe vom Typ „Wealden-Sandstein“ mit zahlreichen fossilen Muscheln, v. a. Cyrena. B des größeren Stücks 9,7 cm, FO Ostjütland.

Abb. 12.8: Geschiebe vom Typ „Wealden-Sandstein“ mit zahlreichen Mollusken und einem (? Fisch-) Wirbel. Die spongiöse Struktur des Knochens ist gut zu erkennen. L des Wirbels ca. 3 mm, FO Ostjütland.

Abb. 12.9: Flintkonglomerat mit abgerundeten Flintknollen in einem hellen Kalksandstein. B 9 cm, FO Melbjerg.

Abb. 12.10: Detail des Flintkonglomerats aus der vorigen Abbildung. Deutlich ist der muschelige Bruch des Feuersteins zu erkennen. Die kleinen „Gänge“ in diesem Gestein stammen meistens von Baumwurzeln.

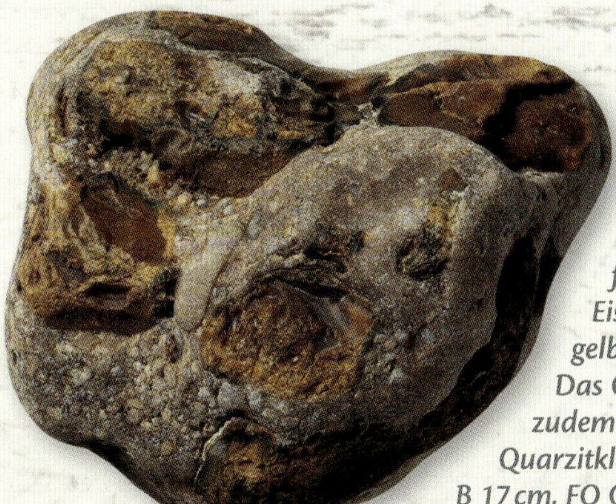

Abb. 12.11: Die Flintbestandteile in diesem Flintkonglomerat wurden durch feinverteilte Eisenverbindungen gelbbraun verfärbt. Das Gestein enthält zudem zahlreiche helle Quarzitklasten. B 17 cm, FO Ostjütland.

Abb. 13.1: Der Rødsten am Strand von Fur fällt durch seine leuchtend braunrote Farbe auf.

13. Martørv, Naturbeton und Rødsten: besondere Ablagerungen in Nordjütland

Man findet am Limfjord und in Nordjütland an manchen Stränden einige eigenartige Gesteine, die nicht nur den Blick des Fossiliensammlers auf sich ziehen, sondern auch den der übrigen Strandbesucher. Besonders auf Mors (etwa am Hanklit), aber auch auf Fur (nahe dem Stolleklint) gibt es findlingsgroße Blöcke oder ganze Gesteinspakete eines auffälligen, rostroten Gesteins. Bei näherer Betrachtung sieht man, dass es aus verkittetem Sand und Kies besteht, darin eingebettet auch größere Gesteinsstücke. Die rostrote Farbe deutet auf Eisenverbindungen hin. Es handelt sich um „Rødsten" (deutsch: „Rotstein", Abb. 13.1 und 13.2). Das Gestein entstand aus Schmelzwassersand und -kies sowie aus Till. Im Bodenwasser gelöste Eisenverbindungen, die zu einem Teil aus dem verwitterten Schwefeleisen in den Moler-Vorkommen der Kliffs stammen, kristallisierten an anderer Stelle im Sediment wieder aus und verkitteten die Gesteinsbestandteile. Die roten Eisenminerale bestehen überwiegend aus Eisenoxiden und -hydroxiden (u.a. Limonit und Goethit). Man vermutet, dass der Rødsten erst nach der Eiszeit entstand.

Auf ähnliche Weise bildete sich auch der „Naturbeton" (Abb. 13.3 und 13.4). Man findet ihn an mehreren Stellen an den Limfjord-Küsten, besonders aber an der Westseite von Mors. Das Gestein besteht v. a. aus Sand und Kies, der durch ein kalkiges Bindemittel verkittet wurde. Der Kalk stammt aus Ablagerungen in den Kliffs, wo er durch Sickerwasser gelöst wurde und in anderen Schichten wieder auskristallisierte. An manchen der Naturbeton-Blöcke kann man noch Fließstrukturen im ursprünglich losen, nassen Sand erkennen (Abb. 13.4 und 13.5). Die meisten dieser Blöcke entstanden vermutlich nach der Eiszeit.

Besonders an der Nordseeküste Nordjütlands finden sich schwarze, faserige Schichten oder Schollen in den Steilküsten, etwa in Lønstrup oder Bovbjerg. Bei Abbrüchen fallen Brocken dieser Ablagerungen auf den Strand. Es handelt sich um Torf. Durch den Küstenabbruch werden immer wieder fossile Moore und Niederungen angeschnitten, die nach der Eiszeit entstanden, später aber von jüngeren Bodenbildungen überdeckt wurden. Die dänischen Bauern sammelten früher diesen Torf am Strand als zusätzliches Brennmaterial. Er wird deshalb „martørv" („Meertorf", Abb. 13.6 und 13.7) genannt. Aus der Zusammensetzung und den Pflanzenresten im Torf erhielten Wissenschaftler wichtige Erkenntnisse über die Klimaentwicklung in Dänemark nach der Eiszeit.

Abb. 13.3: An der Westküste von Mors liegen stellenweise viele große Blöcke aus Naturbeton auf den Stränden.

Abb. 13.2: Durch Eisenverbindungen rot gefärbte Sedimente im Stolleklint auf Fur.

Abb. 13.4: Fließstrukturen in einem Naturbeton-Block, Westküste von Mors.

Abb. 13.5: Rezente Fließstrukturen in unverfestigtem Sand. Sie entsteh bevorzugt dort, wo Wasser aus dem Kliff austritt. FO Lodbjerg.

Abb. 13.6: „Martørv" am Strand von Lodbjerg. An den Steilküsten Nordwestjütlands werden durch Erosion subfossile Moore angeschnitten. Bis zu mehrere tausend Jahre alte Torfablagerungen werden so freigelegt und Torfstücke rutschen auf den Strand.

Abb. 13.7: Gut erkennbar sind hier die faserigen Pflanzenteile, aus denen der Martørv besteht. FO Lodbjerg.

14. Danefæ und Danekræ

In Dänemark ist es schon seit über 300 Jahren gesetzlich vorgeschrieben, dass archäologische Funde von besonderem kulturhistorischen Wert (und v. a. solche aus Edelmetallen) dem Staat zustehen. Beispielsweise gehörten Gegenstände aus Gold und Silber, wie etwa Schmuck oder Münzen aus alter Zeit, die Bauern beim Pflügen auf ihren Äckern fanden, als sogenannte „Danefæ" dem König – so legte es das „Danske Lov" schon 1683 fest. Im 18. Jahrhundert fielen weitere Fundgegenstände unter dieses Gesetz, die durch ihr hohes Alter, ihre Seltenheit oder ihre besondere Beschaffenheit wertvoll waren. Dem Finder wurde eine finanzielle Entschädigung zugesprochen.

In den 1970er Jahren überlegten dänische Wissenschaftler, wie man auch in Dänemark gefundene Fossilien und besondere Gesteine gesetzlich schützen könnte, um sie für die Wissenschaft und das Land zu bewahren. Der Hintergrund war, dass immer mehr Fundstücke aus Dänemark auf Fossilien- und Mineralien-Messen im In- und Ausland verkauft wurden und das Sammeln sich zunehmend kommerzialisierte. 1983 prägte man den Begriff „Danekræ", quasi als naturhistorisches Pendant zum kulturhistorischen Danefæ. 1984 wurde ein Gesetzesvorschlag für ein neues Museumsgesetz erarbeitet. Die Naturkundemuseen hofften, dass nun auch der Fund naturwissenschaftlich wertvoller Stücke bei dieser Gelegenheit gesetzlich geregelt würde. Diese Erwartung erfüllte sich zunächst nicht.

Erst ein großer Fisch führte zu konkreten Maßnahmen. 1985 schlug ein deutscher Hobbysammler auf der Limfjordinsel Fur eine große Zementsteinkonkretion auf und fand darin ein besonders stattliches und gut erhaltenes Fisch-Fossil. Den oberen Teil des Gesteins nahm er mit nach Hause. Den unteren Teil begrub er im Sand, da er 200 Kilogramm wog und somit für die Mitnahme zu schwer war. Er markierte die Stelle mit einem Kreis aus Steinen. Kurz danach schrieb er dem Direktor des Museums von Fur eine Postkarte, in der er den Fundort preisgab, damit das Museum den Fisch bergen und präparieren konnte. Im Jahr darauf wurde der deutsche Sammler in Hamburg aufgespürt. Er musste jedoch strafrechtlich nichts befürchten, da er nicht gegen dänisches Gesetz verstoßen hatte. Viele dänische Wissenschaftler, Museumsleute und nicht zuletzt die Presse waren jedoch nicht sehr erfreut über diesen Vorfall. Der öffentliche Druck wuchs, das „Danekræ"-Gesetz endlich zu realisieren. Es dauerte jedoch noch bis zum 1. Januar 1990, bis es endlich in Kraft trat.

Das Fur-Museum bot dem Sammler an, ihm seine Hälfte des Fisches abzukaufen. Dies wollte er nicht,

Welche Funde fallen nun unter dieses Gesetz?

Danekræ sind:

- seltene oder besonders gut erhaltene oder ästhetische Fossilien,
- seltene (subfossile) Tierskelette oder Teile davon, die aus der Eiszeit oder der Zeit danach stammen (besonders von Wirbeltieren),
- Minerale oder Gesteine mit einer selten vorkommenden Zusammensetzung, Erscheinungsform oder mit Kristallen von ungewöhnlicher Größe oder Form
- sowie alle Meteoriten.

Was muss man tun, wenn man vermutet, dass man ein Danekræ gefunden hat? Man sollte den genauen Fundort notieren und das nächstgelegene naturkundliche Museum aufsuchen, wo eine erste Einschätzung vorgenommen wird. Wenn das Museum glaubt, dass der Fund ein Danekræ ist, behält es das Stück. Der Finder erhält eine Quittung. Das Museum kontaktiert anschließend das Danekræ-Komitee in Kopenhagen, das weiter über den Fall entscheidet. Wenn der Fund zum Danekræ erklärt wird, ist das eine große Ehre für den Finder, und er bekommt eine finanzielle Entschädigung. Falls das Stück kein Danekræ ist, erhält der Finder es zurück.

aber er lieh sein Stück für fünf Jahre an das Museum aus. Das Museum bekam außerdem die Erlaubnis, den Fisch zu präparieren und wissenschaftlich zu untersuchen. Es handelt sich um einen Knochenzüngler, den Holotyp der Art *Furichthys fjeldsoei*. Als die Fünfjahresfrist abgelaufen war, gelang es doch noch, den Finder zum Verkauf zu überreden. Nun gehört der Fisch dem Museum von Fur und bildet ein zentrales Stück der Ausstellung.

In Dänemark ist das Sammeln auch von Fossilien, die kein Danekræ sind, gesetzlich geregelt. Das Sammeln größerer Mengen an Fossilien für kommerzielle Zwecke ist nicht erlaubt. Man darf auf Flächen, deren Eigentümer der dänische Staat ist, **kleine** Mengen an Fossilien, Steinen oder Schalen von Meerestieren sammeln und mitnehmen. Eine alte Definition im „Jyske Lov" besagt, dass eine kleine Menge dem entspricht, was in einen Hut passt.

Strände gelten in Dänemark vom Spülsaum bis zur normalen täglichen Hochwasserlinie als staatliches Eigentum. Von der Hochwasserlinie landeinwärts gehört der Strand dem privaten Landeigentümer (wenn es sich nicht gerade um staatliches Land handelt). Eigentlich muss man also diesen Eigentümer um Erlaubnis fragen, wenn man Gesteine, Bernstein oder Fossilien mitnehmen möchte. In der Praxis werden sich aber die wenigsten Landeigentümer darum kümmern, ob auf ihrem Gelände ein versteinerter Seeigel gefunden wird oder nicht. Es ist jedoch selbstverständlich verboten, Strände, Steilküsten oder Dünen durch Aufgraben zu beschädigen, nicht zuletzt, weil diese eine wichtige Funktion beim Küstenschutz haben.

Wenn man in Moler-, Ton- oder Kreidegruben sammeln will, benötigt man die Erlaubnis des Betreibers. Ggf. muss Schutzkleidung getragen werden, etwa eine Warnweste oder ein Helm. Der Grubenbetrieb darf nicht gestört werden und es ist auf den Fahrzeugverkehr zu achten. Man sollte sich nicht unter Steilwänden aufhalten (Gefahr von herabstürzendem oder herabrollendem Gestein). Ebenso sollte man Spülfelder nicht betreten (Gefahr des Einsinkens).

Abb. 14.1: Einige Strände in Dänemark sind als Schutzgebiete für Seehunde, Vögel und andere Tiere ausgewiesen und dürfen nicht betreten werden.

15. (Nicht nur) Geologische Sehenswürdigkeiten in Nordjütland

Skagen und Grenen: Hübsche Kleinstadt mit schönen Häusern und kleinen Geschäften; spektakulärer Sandhaken, wo sich Nordsee und Ostsee treffen; Dünengebiete, Strandwalllandschaft, Möglichkeiten zur Tier-/Vogelbeobachtung.

Skagen Odde Naturcenter: Gebäude mit interessanter Architektur, Ausstellungen über die Natur der Umgebung, einige Aquarien und Terrarien, Laborplätze mit Mikroskopen, Wechselausstellungen, Aussichtsmöglichkeiten, Museumscafé. Auch für Kinder geeignet.
Adresse: Bøjlevejen 66, 9990 Skagen
www.skagen-natur.dk

Vogelstation Skagen: Im „Grauen Leuchtturm", mit Büchershop.
Adresse: Fyrvej 36, 9990 Skagen
www.skagenfuglestation.dk

Naturhistorisk Museum Skagen: Ausstellung über die Natur Skagens und Nordjütlands, Vögel, Strandsteine, Flora, Mammutfunde in der Nordsee. Das Museum bietet geführte Exkursionen an sowie Kurse in Gesteinsbestimmung oder Mikroskopie von Plankton etc.
Adresse: Flagbakkevej 30, 9990 Skagen
www.lh.plind@gmail.com

Skagens Kunstmuseum: Dauerausstellung mit den wunderschönen Gemälden der „Skagenmaler", Wechselausstellungen, großer Museumsshop mit Büchern und Künstlerbedarf.
Adresse: Brøndumvej 4, 9990 Skagen
www.skagenskunstmuseer.dk

Råbjerg Mile: Riesige Flugsanddüne, in schöner Landschaft mit weiter Aussicht zur Nordsee und zum Kattegat.

Hirtshals: Kleines Kliff mit eiszeitlichen Tonablagerungen; Geschiebefindlinge vorwiegend norwegischer Herkunft; Leuchtturm.

Nordsøen Oceanarium, Hirtshals: Beeindruckende Anlage zum Thema Fauna der Nordsee, Außenbecken mit Seehunden und Kegelrobben, teils riesige Aquarien mit zahlreichen Fischen und Wirbellosen; Ausstellung über die Fischerei. Gut für Kinder geeignet; mit Restaurant und Museumsshop.
Adresse: Willemoesvej 2, 9850 Hirtshals
www.nordsoenoceanarium.dk

Küstenkliffs zwischen Lønstrup und Løkken: Steilküste mit einem komplexen Aufbau aus Moränenmaterial, Sanden und quartären Tonen. Geschiebe aus Norwegen, Schweden und dem Skagerrak, Nahgeschiebe v. a. aus Kreidezeit, Dan und Oligozän; leider sind die Strände oft stark mit Sand bedeckt. Am Strand nördlich von Løkken liegt die „Blånæse“ mit fossilen Meeresböden mit zahlreichen Mollusken und Foraminiferen aus dem frühen Holozän.

Rubjerg Knude Fyr: Nicht mehr in Betrieb befindlicher Leuchtturm auf einer hohen Steilküste in schöner Landschaft, mit weiter Aussicht über Flugsanddünen und Heiden. Wurde im Oktober 2019 in einer spektakulären Aktion vor dem Abrutschen gerettet und liegt nun ca. 70 m weiter landeinwärts.

Bunker-Museum Hanstholm: Riesige Festung mit Bunkeranlagen aus dem Zweiten Weltkrieg, Ausstellung zur Geschichte des „Atlantikwalls“ und der NS-deutschen Besetzung Dänemarks. Berühmter Drehort eines Films mit der „Olsenbande“.
Adresse: Molevej 29, 7730 Hanstholm
www.hanstholm@museumthy.dk

Bulbjerg: Felsen aus Dan-Kalk und -Flint direkt an der Nordsee, überlagert von quartären Sedimenten. Im Frühjahr/Sommer brüten hier Dreizehenmöwen. Ein Weg führt auf das Kliff, von oben hat man eine großartige Aussicht auf die umliegenden Strände, Dünen und Heiden.

Vejlerne: Riesiges Naturschutzgebiet nördlich des Limfjords/nordöstlich von Thisted, mit zahlreichen Wasserflächen und Vogelbeobachtungsmöglichkeiten. Neben Wildvögeln ist auch die Reptilien- und Insektenfauna sehr vielfältig, darüber hinaus kommen im Gebiet seltene Pflanzen vor, u. a. Orchideen. Rastgebiet für Zugvögel im Frühjahr und Herbst. Mehrere Vogelbeobachtungstürme und -hütten.

Lodbjerg: Dünenlandschaft und Küstenkliffs mit komplexem Aufbau; Geschiebe aus Norwegen, Schweden und dem Skagerrak; Nahgeschiebe v. a. aus dem Dan und der Kreidezeit; oligozäner Glimmerton.

Agger Tange: Naturschutzgebiet, große Landzunge mit Dünenkette, Strandwiesen und Strandseen im Westen des Limfjordgebiets. Auf den Wattflächen der Ostseite, an den kleinen Gewässern westlich der Straße und auf den Wiesen halten sich viele Gänse, Enten, Möwen und Limikolen auf. Auch Seeadler kann man hier sichten. Kleine Ausstellung über die Natur des Gebiets nördlich vom Fährhafen.

Gjellerodde: Landschaftlich schöne Halbinsel nahe Lemvig mit Steinstränden, Strandwiesen und Wasserflächen. Möglichkeit zum Sammeln von Fossilien und zur Vogelbeobachtung.

Bovbjerg: Beeindruckende Steilküste mit einem komplexen Aufbau aus Moränenmaterial, Sanden und frühquartären Tonen. Je nach Sandbedeckung am Strand Fundmöglichkeiten für Geschiebe aus Norwegen, Schweden und dem Skagerrak oder Nahgeschiebe v. a. aus dem Dan und der Kreidezeit; schöner roter Leuchtturm mit Café und Kunstausstellung.

Fur Museum: Kleines, aber beeindruckendes Museum über die Fossilien im Stolleklint-Ton, im Moler und in den Oligozän-Ablagerungen des Limfjords, kleiner Shop mit Fossilien und Büchern. In der Urlaubssaison kann man eigene Funde bestimmen lassen.
Adresse: Nederby 28, 7884 Fur
www.museumsalling.dk

Fossil- og Molermuseet, Nordmors: Museum über die Fossilien im Stolleklint-Ton, im Moler und in den Oligozän-Ablagerungen des Limfjords, mit einmaligen, hervorragend präparierten Funden und sehr guter Präsentation. Am Museum befindet sich eine aufgelassene Moler-Grube, in der man nach dem Museumsbesuch selbst auf Fossiliensuche gehen kann.
Adresse: Skarrehagevej 8, Skarrehage, 7900 Nykøbing/Mors
www.museummors.dk

Abb. 15.1: Molermuseum, Mors

Kalkgrube von Mønsted: Stillgelegtes Kalkbergwerk südöstlich von Skive, das ursprünglich Stollen von insgesamt ca. 60 Kilometern Länge (!) auf sechs Ebenen aufwies. 1955 wurde Mønsted stillgelegt. Früher wurde hier Dan-Kalk abgebaut, der durch eine Salzstruktur dicht unter die Erdoberfläche geschoben wurde. In den Stollen sieht man Kalk und Flintbänder. Die Anlage steht unter Denkmal- und Naturschutz, auch weil im Bergwerk zahlreiche Fledermäuse überwintern. Zwei Kilometer der Stollen sind für Besucher zugänglich (geöffnet von April bis Oktober). Es gibt eine Ausstellung über Fledermäuse und kulturelle Veranstaltungen, beispielsweise Konzerte.
Adresse: Mønsted Kalkgruben, Kalkværksvej 8-10, Mønsted, 7850 Stoholm
www.monsted-kalkgruber.dk

Abb. 15.2: Zufallsfund am Limfjordstrand: „Muschelmännchen"

Kalkgrube von Dalbyover: Kleine Grube mit Dan-Kalk aus dem Mitteldan, berühmt für ihre herausragend vielen und gut erhaltenen fossilen Seeigel.

Geologische Sehenswürdigkeiten im übrigen Dänemark (Auswahl)

Halbinsel Djursland: Gjerrild Klint, Sangstrup, Karlby Klint, Küstenkliffs mit danzeitlichem Kalk und Flint.

Insel Møn: Hoch aufragende Kreideküste (Møns Klint) mit hervorragenden Aufschlüssen aus der Oberen Kreidezeit, Fundort für Fossilien aus dem Oberen Maastrichtium. An der Südküste der Insel (Hjelm Nakke, Hvideklint) Steilküsten mit eingeschuppten Kreideschollen, die z. T. etwas älter sind (Untermaastricht). Außerdem findet man an Møns Stränden viele interessante Geschiebe aus weiten Teilen des Ostseegebiets.

GeoCenter Møn: Modernes Museum direkt an der Steilküste mit einer ausgezeichneten Ausstellung der wichtigsten Fossilien, Rekonstruktionen des Lebens im Kreidemeer und Mosasaurier-Modell. Mit Museumsshop und Restaurant.
Adresse: Stengårdsvej 8, 4791 Borre
www.geocenter@moensklint.dk

Stevns Klint: Viele Kilometer langes und landschaftlich herausragend schönes Küstenkliff an der Ostküste der Insel Seeland, mit Aufschlüssen der Kreide-Paläogen-Grenze, die zu den bedeutendsten der Welt zählen. Fundort für Fossilien aus der Oberkreide und dem Dan. Im Bereich der Steilküste auch alte Kalkgruben, z. T. mit Sammelmöglichkeiten. Kirche von Højerup an der Kliffkante.

Faxe: Riesige Kreidegrube mit Dan-Kalk (Korallenkalk und Bryozoen-Kalk), von der ein Teilgebiet öffentlich zugänglich ist. Der Kalk von Faxe ist sehr fossilreich. Insbesondere kann man verschiedene Arten fossiler Krebse und Krabben, Korallen, Haizähne sowie Cephalopoden aus der Verwandtschaft von *Nautilus* finden.

Geomuseum Faxe: Schönes kleines Museum über die Geologie und die Fossilien von Faxe; befindet sich am Grubenrand.
Adresse: Østervej 2, 4640 Faxe
www.geomuseum@oesm.dk

Gram Museum: Schönes Museum mit Funden aus der gleichnamigen Tongrube mit Schwerpunkt auf der Evolution der Wale. Besucher des Museums haben die Möglichkeit, anschließend in der aufgelassenen Grube von Gram zu sammeln, in der fossilführende miozäne Glimmertone aufgeschlossen sind.
Adresse: Gram Museum/Museum Sønderjylland, Lergravsvej 2, 6510 Gram. www.MSJ.dk

Gedser: Steilküste an der Südspitze der Insel Falster mit eingeschuppten Kreideschollen. Neben Geschiebefossilien aus dem Ostseeraum kann man auch hier viele Oberkreide-Fossilien finden, besonders auch fossile Seeigel.

Det Sorte Geomuseum: Museum mit Funden von der Küste von Gedser.
Adresse: Gedser Kulturhus, Skolegade 2b, 4874 Gedser. www.detsortegeomuseum.dk

Staatliches Naturhistorisches Museum/Geologisches Museum, Kopenhagen: Museum mit hervorragenden Funden aus ganz Dänemark.
Adresse: Geologisk Museum, Københavns Universitet, Øster Voldgade 5-7, 1350 Kopenhagen
www.snm.ku.dk

16. Danksagung und Literatur

Die Autorin durfte in der Sammlung von Frau G. und Herrn A. Paulsen, Altenholz, besondere Fundstücke aus dem nördlichen Jütland fotografieren und möchte sich herzlich dafür bedanken. Herrn Dr. A. Popp, Meppen, gebührt besonderer Dank für viele gemeinsame Reisen und Exkursionen in Dänemark. Die Autorin dankt Herrn H. Akkerman, Niederlande, herzlich für die Mikroskopaufnahmen der Limfjord-Diatomeen und Herrn P. Parpart, Ascheberg, für die Überlassung des gesägten und polierten Faxe-Korallenkalks.

Quellen und weiterführende Literatur

Andersen, S./Sjørring, S. (Red.) (1997): Geologisk set. Det nordlige Jylland. Geografforlag, Brenderup

Baarli, B. G. (2008): Fossilboka. Fossiler i Oslofeltet. Forlaget Vett & Viten, Nesbru

Baartmann, J. C./Christensen, O. B. (1975): Contributions to the interpretations of the Fennoscandian Border Zone. DGU, II. Række, Nr. 102. Kopenhagen

Bilz, W. (2007): Die Hemmoor-Stufe (Burdigalium) von Hvide Sande (Dänemark). In: Der Geschiebesammler, Jg. 40/4. Verlag Dr. F. Rudolph, Wankendorf

Binderup, M. et al. (2016): Geologi på tværs af kysten. Geoviden Geologi og Geografi, Nr. 2. Geocenter, Kopenhagen

Bonde, N./Andersen,S./Hald, N./Jakobsen, S. L. (2008): Danekræ – Danmarks bedste fossiler. Gyldendal, Kopenhagen

Calner, M./Ahlberg, P./Lehnert, O./Erlström, M. (2013): The Lower Palaeozoic of southern Sweden and the Oslo Region, Norway. Field Guide for the 3rd Annual Meeting of the IGCP project . SGU Rapporter och meddelanden 133. Lund/Uppsala

Christensen, T. H. et al. (2018): Geopark Vestjylland. Istidslandskaber og kyster. Geoviden Geologi og Geografi, Nr. 4. Geocenter, Kopenhagen

Cordes, A./Dettmers, D. (2009): Lyby-Strand-Fossilien – Schätze aus Dänemarks Limfjordgebiet. BOD, Norderstedt

Gravesen, Palle (1993): Fossiliensammeln in Südskandinavien. Goldschneck-Verlag, Korb

Gravesen, Palle (2018): Fossiler i Nordvesteuropa. Gyldendal, Kopenhagen

Gravesen, Peter et al. (2017): Geologisk set: Sjælland og Øerne. GO Forlag/Geocenter Danmark, Kopenhagen

Holm, P. M., Larsen, L. M. et al. (2007): Vulkaner. Geoviden Geologi og Geografi, Nr. 4. Geocenter, Kopenhagen

Houmark-Nielsen, M./Krüger, J./Kjær, K. H. (2005): De seneste 150.000 år i Danmark. Istidslandskabet og naturens udvikling. Geoviden Geologi og Geografi, Nr. 2. Geocenter, Kopenhagen

Jagt, J. W. M./Smit, J./Schulp, A. (2003): ?Early Paleocene ammonites and other molluscan taxa from the Ankerpoort Curfs quarry (Geulhem, southern Limburg, the Netherlands). In: Lamolda, M.A. (Hrsg.): Bioevents: their stratigraphic records, patterns and causes, Caravaca, 3rd–8th June 2003, 113. Ayuntamiento de Caravaca de la Cruz.

Kahlke, J./Neumann, C./Taake, S. (2013): Fossile Wasserwaagen, Wabenigel & Co. Erratika 6. Verlag Dr. F. Rudolph, Wankendorf

Kahlke, J./Neumann, C./Taake, S. (2012): Häufige und nichtalltägliche irreguläre Seeigel vom Limfjord, Dänemark. o. V.

Kutscher, M. (2003): Bestimmungsschlüssel der Seeigel (Echinoidea) der Weißen Schreibkreide (Kreide, Untermaastrichtium) von Rügen (Deutschland) und Møn (Dänemark). Erratica – Monographien zur Geschiebekunde 5. Verlag Dr. F. Rudolph, Wankendorf

Larsen, G./Kronborg, C. (1994): Geologisk set: Det mellemste Jylland. Geografforlag, Brenderup

Lindow, B./Krüger, J. (Hrsg.) (2011): Geologiske Naturperler – Danske brikker til jordens puslespil. Gyldendal, Kopenhagen

Michelsen, O. (1978): Stratigraphy and distribution of Jurassic deposits of the Norwegian-Danish Basin. DGU, Ser. B, Nr. 2. Kopenhagen

Ødum, H. (1926): Studier over Daniet i Jylland og paa Fyn. C. A. Reitzels Forlag, Kopenhagen

Olesen, E. T. (2005): Skagens Odde – en naturguide. Geografforlaget, Brenderup

Pedersen, G. K. et al. (2011): Molerområdets geologi – sedimenter, fossiler, askelag og glacialtektonik. Geologisk Tidskrift 2011. DGF, Kopenhagen

Pedersen, S. A. S./Pedersen, G. K. (2012): Molerets historie. Geoviden – Geologi og Geografi, Nr. 3. Geocenter, Kopenhagen

Ramberg, I./Bryhni, I./Nøttvedt, A./Rangnes, K. (Hrsg.) (2008): The Making of a Land. Geology of Norway. Norsk Geologisk Forening, Trondheim

Rudolph, F. (2017): Das große Buch der Strandsteine. Wachholtz, Kiel/Hamburg

Sand-Jensen, K./Larsen, G. (Red.) (2006): Naturen i Danmark: Geologien. Gyldendal, Kopenhagen

Schnetler, K. I. & Palm, E. (2008): The Molluscan Fauna of the late Oligocene Branden Clay, Denmark. In: Palaeontos 15. Mortsel/Dublin/Antwerpen

Schöning, H. (1991): Wurzelführende Flintkonglomerate aus dem Tertiär als Geschiebe in Nordwest-Deutschland und Jütland (Dänemark) – Argumenta Palaeobotanica 8/1990. Münster

Seilacher, A. (2007) : Trace Fossil Analysis. Springer Verlag, Berlin/Heidelberg

SHZ.de: Filmbericht über die Versetzung von Rubjerg Knude Fyr vom 22.10.2019, abgerufen am 1.3.20

Skeat, E. G./Madsen, V. (1898): Jurassic, Neocomian and Gault boulders found in Denmark. DGU, 2. Række, Nr. 8. Kopenhagen

Smed, P. (2016): Sten i det dankse landskab. Højers Forlag, Ålborg

Stenestad, E. (1976): Københavnområdets geologi især baseret på citybaneundersøgelse. DGU, III. Række, Nr. 45. Kopenhagen

Thomsen, E. (2009): Kalk og kalkaflejringer i Danmark. Internet-Präsentation/PDF, abgerufen am 29.03.2019

Zandstra, J. G. (1999): Platenatlas van noordelijke kristallijne gidsgesteenten. Backhuys Publishers, Leiden

fossilien
Erdgeschichte erleben

Sonderbände

Fossilien-Redaktion (Hrsg.)

Bernstein – Fossile Harze aus aller Welt

Käfer, Spinnen, Pflanzen – sie alle können in leuchtend schimmerndem Bernstein enthalten sein. Dieses Sonderheft bringt nicht nur die Entstehung und Verbreitung von Bernstein näher, sondern hält auch eine Fülle an brillanten und außergewöhnlichen Fotos bereit.

80 S., durchgehend farb. Abb. mit zahlreichen Farbfotos, geh., 21 x 28 cm. ISBN 978-3-494-01583-5

Best.-Nr.: 494-01583 **€ 9,95**

Fossilien-Redaktion (Hrsg.)

Der Nationale GeoPark GrenzWelten

Der GeoPark GrenzWelten liegt genau an der Schnittstelle zweier geologischer Großstrukturen – dem Rheinischen Schiefergebirge (Hochsauerland) und der Hessischen Senke – und umfasst ein Zeitfenster von rund 400 Millionen Jahren. Die Region weist eine Reihe paläontologischer Fundstätten auf, die – wie die „Korbacher Spalte", die Iguanodon-Fundstelle bei Brilon-Nehden und der Saurierfährten-Steinbruch in Wolfhagen (bei Kassel) – internationale Bedeutung erlangt haben. Das Motto „GrenzWelten" versinnbildlicht dabei die unterschiedlichen Grenzlinien und Übergänge zwischen den Naturräumen und geologischen Formationen, ehemaligen Meeresküsten, Wüsten, Stufen der Evolution etc., die den Geopark zu einem spannenden Anschauungsobjekt machen. Das Sonderheft gibt einen Überblick über die wichtigsten Anlaufpunkte des Geoparks mit praktischen Besucher-Tipps.

64 S., durchgehend farbig, geh., 21 x 28 cm. ISBN 978-3-494-01711-2

Best.-Nr.: 494-01711 **€ 11,95**

Fossilien-Redaktion (Hrsg.)

Der Geopark Schwäbische Alb

Die Schwäbische Alb und ihr Vorland sind durch eine Fülle an geologischen Besonderheiten bekannt und seit 2015 ein von der UNESCO ausgezeichneter UNESCO Global Geopark. In diesem Heft werden neben klassischen Themen, wie dem Posidonienschiefer, dem Steinheimer Impaktkrater, dem Aalener Besucherbergwerk oder der Bärenhöhle, eine Vielzahl weiterer besuchenswerter Ziele im Geopark vorgestellt.

88 S., durchgehend farb. Abb., geh., 21 x 28 cm. ISBN 978-3-494-01649-8

Best.-Nr.: 494-01649 **€ 12,95**

Fossilien-Redaktion (Hrsg.)

Jura-Ammoniten – Fakten und Formenvielfalt

Keine andere Fossilgruppe hat sich in der Jurazeit so vielfältig und formenreich entwickelt wie die zu den Kopffüßern gehörenden Ammoniten. Obwohl sie schon seit Jahrhunderten gesammelt werden, sind auch heute noch neue Erkenntnisse möglich. Günter Schweigert, Paläontologe am Stuttgarter Naturkundemuseum, gibt einen Überblick darüber, was man über diese ausgestorbenen Meerestiere inzwischen weiß, und lässt die versteinerten Schalen wieder lebendig werden. Über 250 verschiedene Arten werden in der Reihenfolge ihres Vorkommens mit typischen Beispielen aus Deutschland und dem benachbarten Ausland vorgestellt.

72 S., 42 farb. Abb., 2 Tab., 42 Tafeln, geh., 21 x 28 cm. ISBN 978-3-494-01743-3

Best.-Nr.: 494-01743 **€ 12,95**

Fossilien-Redaktion (Hrsg.)

Gotland – Fossilien aus der silurischen Südsee

Die schwedische Ostseeinsel Gotland ist nicht nur aufgrund ihrer landschaftlichen Schönheit und faszinierenden Natur bei Reisenden beliebt, die Insel ist auch von ihrer erdgeschichtlichen Entstehung her äußerst interessant und einer der wichtigsten Siluraufschlüsse weltweit. In diesem Heft werden u das Silur auf Gotland, die verschiedenen G steinsarten, die fossilen Riffe und Korallen, c Geschiebe und Gerölle der Insel vorgeste Hinweise auf Gotlands Museen und Ausst lungen vervollständigen dieses Sonderheft.

66 S., durchgehend farbig, geh., 21 x 28 cm ISBN 978-3-494-01676-4

Best.-Nr.: 494-01676 **€ 9,9**

Fossilien-Redaktion (Hrsg.)

Island – Vulkane, Gletscher und Geysire

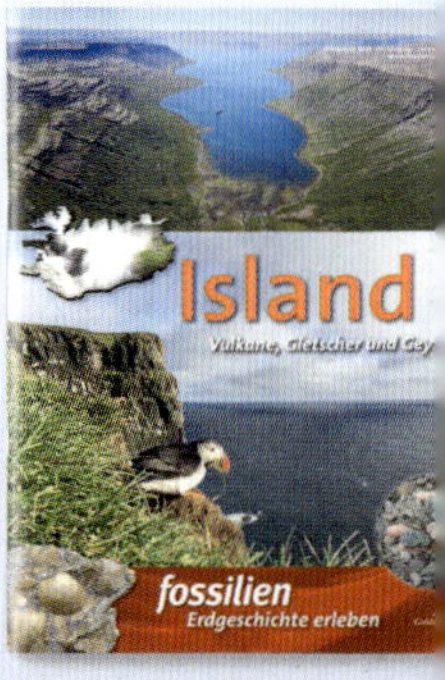

Island ist einer der beeindruckendsten Naturräume unseres Planeten. Folgen Sie den Autoren auf einer geokulturellen Rundreise auf 5 verschiedenen Touren. Diese enthalten die wichtigsten geologisch, kulturell und biologisch interessanten Punkte der Insel. Beschrieben werden aber auch verste te Besonderheiten, welche nicht in den Reis führern stehen und die normalerweise ke Tourist zu sehen bekommt. Von der feurig Halbinsel Reykjanes über die Gletscher an d Südküste bis zu den einsamen Küstenlan schaften im Norden und durch das unbewoh te Hochland im Landesinnern. Mit seinen e drucksvollen Wasserfällen, heißen Quellen u großartigen Gletscherlandschaften sowie s ner einzigartigen Fauna und Flora ist Island w mehr als ein Geheimtipp für Naturliebhabe

ca. 80 S., durchgehend farb., geh., 21 x 28 c ISBN 978-3-494-01759-4

Best.-Nr.: 494-01759 **€ 12,9**

9 783494 018218

Fossilien Sonderheft 2020 „Dänemark"

ISSN 0175-5021, ISBN 978-3-494-01821-8 € 12,95

Bestellungen a

Quelle & Meyer Verlag GmbH &
Industriepark 3, 56291 Wiebelshe
Tel. 0 67 66 / 903-249 | Fax 0 67 66 / 903-3
E-Mail: fossilien@quelle-meyer.